GUIDE DU CULTIVATEUR

ET DU COLON

ET

PETIT TRAITÉ DE DÉFRICHEMENT ET DE CULTURE

DES TERRAINS SALÉS,

APPLICABLE AUX AUTRES TERRAINS,

SUIVI D'UN MODÈLE DE ROULEAU-CHARRUE-SEMOIR.

Par A. REDIER,

Cultivateur du Midi.

> Défoncez et fumez, ameublissez
> et fumez encore, sarclez et bi-
> nez souvent, vous ferez de la
> bonne agriculture.   A. R.

Prix : 50 centimes.

PARIS,

Mme VEUVE BOUCHARD-HUZARD.

RUE DE L'ÉPERON, 5.

1849.

GUIDE DU CULTIVATEUR
ET DU COLON,

ET

PETIT TRAITÉ DE DÉFRICHEMENT ET DE CULTURE

DES TERRAINS SALÉS,

APPLICABLE AUX AUTRES TERRAINS,

SUIVI D'UN MODÈLE DE ROULEAU-CHARRUE-SEMOIR.

Par A. REDIER,

Cultivateur du Midi.

Défoncez et fumez, ameublissez
et fumez encore, sarclez et binez souvent, vous ferez de la
bonne agriculture.   A. R.

Prix : 50 centimes.

PARIS,
Mme VEUVE BOUCHARD-HUZARD,
RUE DE L'ÉPERON, 5.

1849.

Imprimerie de POUSSIELGUE, rue du Croissant, 12.

AVANT-PROPOS.

En présence de la révolution intellectuelle qui fait chaque jour de nouveaux progrès, et au moment où l'amélioration du sort des travailleurs devient une nécessité, la question du défrichement des terrains incultes où tant de milliers de bras pourraient être utilement occupés, doit attirer toute la sollicitude de nos législateurs.

La France possède plus de 5 millions d'hectares de terrains incultes défrichables sur lesquels 5 millions de bêtes à laine trouvent à peine de quoi vivre ; ces terrains, cultivés, pourvoiraient largement aux besoins de 10 millions de personnes ; et les ouvriers des champs attendent impatiemment de pouvoir y faire la moisson.

Dans certaines communes, l'on a proposé de partager ces terres par tête d'habitant ou par famille ; mais, quoique juste en apparence, cette mesure serait essentiellement vicieuse, car s'il faut à un ouvrier trois ou quatre cents journées de travail pour défricher un hectare et s'il ne peut y employer

dans l'année que soixante ou soixante-dix jours (1)
de dimanche ou de chômage, et en admettant qu'il
ne doive jamais se reposer, il est certain qu'après le
partage il aimera mieux vendre sa portion à vil
prix que de conserver un instrument de travail dont
il ne pourra pas se servir.

D'autres ont fait la proposition de concéder les
terrains à ceux qui les défricheraient ; mais cette
mesure serait inique à l'égard des ouvriers, car les
riches propriétaires avec leurs attelages pourraient
en peu de temps s'emparer de tout.

D'autres, enfin, proposent de donner une somme
d'argent et la nourriture aux cultivateurs pendant
qu'ils défricheront, comme l'on fait en ce moment
pour les colons de l'Algérie ; mais il suffit que le
gouvernement voulant faire de l'agriculture sans
agriculteurs ait hasardé une fois 50 millions,
pour qu'il ne veuille pas recommencer, car il
doit s'apercevoir déjà que les colons ne pourront
suffire pour récolter ce qu'ils ont semé bien ou
mal, et rien ne garantit qu'après avoir reçu l'argent
et la nourriture pendant trois ans, les colons, deve-
nus propriétaires, ne laisseront, par paresse ou
mauvaise gestion, détériorer leur domaine.

----

(1) Dans ce chiffre, ne sont pas compris vingt-cinq ou
trente jours de pluie où le cultivateur est obligé de rester
chez lui.

Il n'y a qu'un moyen d'éviter ces inconvénients, c'est la création de *bataillons agricoles mobiles* (voir à la page 104) chargés d'aider les propriétaires dans les grands travaux et de construire de grands centres (écuries) pour convertir avantageusement les produits à la prospérité desquels tous les habitants d'une même commune seront intéressés.

Nos représentants n'ont qu'à le vouloir, et de l'organisation de ces bataillons naîtront aussitôt les moyens de défricher ces terrains à peu de frais, de construire de vastes écuries pour l'élève en grand de tous les bestiaux que la petite culture ne peut faire avantageusement, d'exécuter les grands travaux d'assèchement et d'irrigation qui décuplent les produits de la terre, et enfin de créer des emplois utiles à des milliers de jeunes gens qui végètent dans les grandes villes, en même temps qu'on apporterait une amélioration réelle au sort des travailleurs de la campagne, desquels jusqu'à ce jour tous les gouvernements n'ont fait que semblant de s'occuper.

C'est l'utilité d'une pareille organisation que nous faisons ressortir dans ce travail, à côté des conseils spéciaux que nous avons à donner aux cultivateurs.

Nous y embrassons de plus un sujet pratique des plus importants.

Les terrains salés ou marécageux, qui deviennent les plus fertiles lorsqu'on sait en tirer parti, occupent une grande étendue (1 million d'hectares environ) parmi les terrains incultes de la France seulement; eh bien, dans ce petit livre destiné aux cultivateurs du midi et aux colons, nous nous sommes particulièrement occupé de leur culture, qui, quoique moins connue, peut être considérée comme le perfectionnement de celles des autres terrains.

Nous avons cherché à indiquer aux colons, d'une manière claire et pratique, ce qu'ils doivent faire en arrivant sur une nouvelle terre, tant pour leurs cultures que pour les bestiaux à élever, pour leurs écritures, et surtout pour leur propre avenir, afin de les tenir en garde contre les déceptions qui attendent toujours l'apprenti agriculteur qui veut agir isolément, et prévenir ceux qui sont partis l'an dernier, qu'il est temps pour eux de songer à l'association par villages et à la formation de bataillons agricoles mobiles composés de jeunes gens pour les aider au moment des récoltes, etc. Puissent-ils profiter de nos conseils, déjà mûris par une longue expérience; puissent-ils en profiter, s'ils ne veulent pas, après que le gouvernement les aura abandonnés à eux-mêmes sur leur trop grand domaine, ressembler à ces Californiens chargés d'or, qui succombent faute d'un morceau de pain.

GUIDE

DU

CULTIVATEUR ET DU COLON.

INSTALLATION DU COLON.

A tout métier, il faut un apprentissage ; et ce serait une grande erreur de se croire agriculteur, parce que l'on possède quelques arpents de terre. Le maniement des outils et des instruments aratoires est bientôt appris, il est vrai, mais il n'en est pas de même du reste du métier. La connaissance des terres, le choix des semences, la préparation des engrais, l'élève du bétail, en un mot, la direction de son domaine, si petit qu'il soit, ne s'apprennent qu'après une longue expérience pour laquelle la vie de l'homme serait insuffisante s'il ne s'appuyait de bons conseils et de bons livres.

L'homme qui connaît déjà son métier doit être prudent en arrivant sur une nouvelle terre, à plus forte raison celui qui n'y entend rien. L'un et l'autre doivent éviter, en commençant, de se livrer à tous les essais que suggère l'imagination , car ils risqueraient de se ruiner et dé se décourager avant d'arriver à un résultat.

L'ouvrier des villes qui, par suite de manque de travail ou par goût, devient colon doit, avant de se mettre en route, au lieu de se défaire à vil prix de certains petits outils dont il aura besoin plus tard, chercher chez les marchands d'occasion à compléter son petit atelier de travail pour les jours où il ne pourra aller aux champs. Ainsi, il doit avoir un mètre, un décamètre, une romaine à crochet pour peser les porcs, la volaille, le son, le grain, etc. ; un sécateur, une serpette, deux haches, deux marteaux, deux petits rabots, deux limes, une plane de charron, deux scies, trois ou quatre vrilles, une paire de tenailles, deux ciseaux à bois, un ciseau à pierre, un morceau de fer de trois ou quatre kilogrammes pour lui servir d'enclume, une pierre à aiguiser, quelques mètres de ruban de fer à cercles pour faire des ligatures, des pentures, etc., du fil de fer de trois ou quatre numéros et des clous de toute dimension, etc., etc. Il pourra ensuite fabriquer lui-même d'autres instrumens, tels que bancs de menuisiers, etc. ; et il aura un petit atelier où il passera utilement et agréablement quelques heures pendant les journées qui semblent si longues à la campagne lorsqu'on ne peut aller aux champs.

Des fumiers.

Une fois logé, le premier travail à faire, c'est un creux à fumier ; sa dimension peut varier beaucoup ; la plus convenable, eu égard à l'étendue du domaine (3 à 5 hectares), est de 2 mètres de largeur, 4 mètres de longueur et 80 centimètres de profondeur, le fond et les côtés garnis d'argile à défaut de pierres bâties pour empêcher les infiltrations ; les bords supérieurs recouverts de pierres plates ou terminés par des troncs d'arbre couchés en long, afin de pouvoir faire à pied sec le tour du trou que l'on remplit d'eau aux deux tiers.

Dès ce moment, se trouve créé un chantier de travail pour la femme et l'enfant qui s'en vont chaque jour, pendant quelques heures, à la campagne, ramasser des pailles, des joncs, de l'herbe, des feuilles de toute espèce et les jettent dans le creux. Tous les huit jours on retire ce mélange bien imprégné de liquide et on en forme, sur le bord du trou, une motte de 3 ou 4 mètres de long sur 2 de large, on recouvre chaque couche de 5 ou 6 centimètres de terre. Cette opération répétée pendant un mois et demi donne un joli tas de fumier de 1 mètre 50 centimètres environ de hauteur. On le recouvre alors d'une dernière couche de 15 centimètres de terre et on le laisse ainsi confire pendant 15 à 20 jours après lesquels on peut l'employer.

La terre dont on se sert pour recouvrir chaque couche doit être, autant que possible, argileuse quand le fumier est destiné à des terrains sablonneux, et sablonneuse pour le fumier destiné à des terrains argileux ; les cendres de bois et de charbon entrent avantageusement dans ce mélange. Pendant qu'une motte se prépare et s'emploie, on en forme une autre sur le bord opposé et ainsi de suite, de manière à ne jamais en manquer.

Le creux à fumier doit être situé au nord et à quelque distance de l'habitation, voisin du lieu d'aisances, afin que rien ne soit perdu ; l'engrais produit par les végétaux est d'autant meilleur qu'il est mélangé à une plus grande quantité d'urine et de fumier d'animaux.

Le terrain sur lequel on établit les mottes doit avoir une légère pente, de manière que le jus retombe dans le trou, et celui-ci doit être garanti par une petite chaussée des eaux pluviales qui, arrivant en trop grande quantité, pourraient le faire déverser. Deux ou trois jours suffisent pour préparer cette fabrique de fumier.

Explorations utiles.

Le colon emploie ensuite huit à dix jours à explorer les environs. S'il y a des domaines établis, il va les visiter; il s'informe des saisons, des maladies à redouter, tant pour les hommes que pour les animaux et les plantes et des moyens de les prévenir; des effets de l'humidité et de la sécheresse dans les divers terrains, de l'époque favorable pour faire les semences et les récoltes, du prix des bestiaux, de la volaille et de toutes les denrées, des terrains vagues qui peuvent lui fournir du bois, de l'herbe et des litières, enfin des cultures qui réussissent le mieux.

Si le pays est inhabité, il observe les plantes qui croissent naturellement selon chaque nature de terrain. Dans ses excursions il se procure des manches d'outils, des roseaux, des piquets, qui bientôt lui seront utiles.

Des fossés.

Déjà le colon n'est plus un étranger sur cette nouvelle terre, il étudie de plus près son petit domaine, sonde, en faisant des trous de distance en distance, la nature du sous-sol, et il marque avec des jalons l'endroit où il établira les fossés d'écoulement et les passages pour l'exploitation.

Si le terrain est plat, il faut tracer les fossés en ligne droite, afin de faire écouler les eaux par le chemin le plus court; si le terrain a une grande pente, on doit établir les fossés plus ou moins perpendiculaires à cette pente pour que les grandes pluies ne ravinent pas la terre.

Pour le recreusement des fossés, il faut toujours commencer par la partie la plus basse, de sorte que s'il venait à pleuvoir pendant l'exécution du travail l'eau pût s'écouler sans faire de dégâts.

Agrément.

On plante quelques arbres, tels que platanes, tilleuls, etc., devant l'habitation, pour avoir de l'ombre en été; mais, pour jouir plus vite de ce précieux avantage, on peut établir une tonnelle au moyen de poteaux, sur lesquels on fait grimper de la vigne, du houblon, des campanulles ou bien des courges-bouteilles, dont on fait sécher le fruit, que l'on vide pour faire des gourdes à vin. Ces gourdes sont encore très bonnes pour conserver à sec les graines du jardin.

Du jardin. — Des plantations.

On choisit pour le jardin la terre la plus rapprochée de l'habitation, mais cependant à portée de l'arrosage, et on établit les planches, en commençant par les plus élevées; si le terrain est plat, c'est en défrichant qu'il faut créer la pente pour l'arrosage. On divise alors le jardin en deux parties égales, séparées par une allée de quatre mètres de largeur, aboutissant au point d'arrivée de l'eau dans le jardin; on ouvre deux tranchées de 40 à 50 centimètres de profondeur, parallèles à l'allée, et on cultive à cette profondeur, alternativement des deux côtés, en ramenant toujours la terre vers l'allée ; le jardin se trouve alors à deux pentes, avec un chemin au milieu pour l'exploitation. A l'endroit le plus abrité, on établit, sur un fossé de 80 c. de largeur et 60 c. de profondeur, aux deux tiers plein de fumier, une planche pour les semis, et on ensemence le plus tôt possible pour repiquer au printemps.

Dans le courant du premier hiver, il faut s'occuper de la plantation des arbres, et faire des abris avec des branches ou des roseaux.

De la comptabilité.

A cette époque, où les travaux extérieurs ne sont pas toujours praticables, on doit établir ses écritures, car il est indispensable de pouvoir se rendre compte de ce que produit chaque terre en blé ou en fourrage, des pertes ou des revenus des bestiaux et enfin de l'état général de son domaine. Outre l'avantage immense qu'ont les écritures d'avertir le cultivateur lorsqu'il est en perte, sur telle ou telle opération, elles sont encore une excellent moyen d'instruction agricole : la théorie et la pratique marchent en même temps. C'est encore au moyen d'écritures exactement tenues que l'on parvient à trouver l'assolement le plus convenable à son terrain. On ouvre des comptes de dépenses et recettes aux bestiaux, au fumier, au jardin, à chaque terre. Voici un modèle de comptes qui pourra servir de guide :

Champ n° 1. Terre franche, à sous-sol profond. Contenance 1 hectare.

1re *Année.*

DÉPENSES.			RECETTES.		
1849 Sept.	2 légers labours à la charrue, 10 jours à 6 fr.	60 »	1850 Juin.	Récolte de froment, 25 hect., à 16 f.	400 »
»	Semence froment, 2 h. 50, à 16 fr.	40 »		Paille, 3,700 kil., à 20 fr.	74 »
»	Labour de semence, 5 j., à 6 fr......	30 »		Vannes, grapilles, pour la volaille.	15 »
»	1 Jour de semeur......	2 »			fr. 489 »
»	Hersage et roulage....	10 »		Regain de trèfle à enfouir, pour la récolte prochaine , valant une demi — fumure, ou la valeur en fourrage...	105 »
1850 Mars.	Semence de trèfle sur le blé........	10 »			fr. 594 »
Juin.	Moisson, 5 j. hom. à 3 fr.	15 »		A déduire : dépenses...	204 50
»	5 J., femm.,	7 50		Bénéfice.... fr. 389 50	
»	Battage, nettoyage.....	20 »			
»	Transport de toute nature.	10 »			
		fr. 204 50			

2ᵉ Année.

DÉPENSES.			RECETTES.		
1850 Octob.	Labour à la charrue : 2 hom., 4 bê- tes, 5 jours, à 20 fr....	fr. 100 »	1851 Juill.	Récolte de pommes de terre, 200 hect., à 4 fr.	800 »
»	35,000 k. fu- mier, à 60 c.	210 »			
1851 Mars.	Labour à la charrue, 1 homme, 2 bêtes, 5 j., à 6 fr.....	30 »			
»	Hersage, 1 j.	6 »			
»	Semence de pommes de terre, 6 h., à 4 fr.....	24 »			
»	Labour de se- mence, 5 j., à 6 fr.....	30 »			
»	Une semeuse 5 j., à 1 fr.	5 »			
Avril.	Un sarclage, 10 j. de fem- mes.......	10 »			
»	Binage, 3 j. d'arraire, à 5 fr.......	15 »			
Mai.	Binage, id..	15 »			
Juill.	Frais, récol- te, 20 jours d'hommes .	40 »			
»	Frais, récol- te, 20 j. de femmes....	20 »		A déduire : dépenses de l'année....	510 »
	5 J. d'âne..	5 »			
		fr. 510 »		Bénéfice... fr. 390 »	

3e *Année:*

DÉPENSES.			RECETTES.		
1851 Août.	Labour pro-fond à la charrue, 5 jours, à 20 f.	fr. 100 »	1852 Mai.	Récolte en fourrage 4,000 kil., à 40 fr......	160 »
»	Hersage , 2 jours......	12 »	Juin.	Id., id.....	160 »
Sept.	2e Labour, 5 j., à 6 fr...	30 »	Sept.	Regain 2,000 kil........	80 »
Octob.	3e Labour, 5 j., à 6 fr...	30 »		Total... fr. 400 »	
»	Hersage pour couvrir la semence et ameublir...	15 »			
»	Semence de luzerne , 6 fr.; id. 2 hect avoine, 15 f.	21 »			
1852 Mai.	Frais de ré-récolte, fe-naison, transport 4,000 kilo., rendus au grenier , à 50 c. les 100 kil........	20 »			
Juin.	Récolte, fe-naison, etc.,	20 »			
Sept.	Id., id.....	20 »	A déduire : dépenses...	268 »	
	Total... fr. 268 »			Bénéfice.. fr. 132 »	

4e *Année.*

DÉPENSES.		RECETTES.	
1853 Fenaison de		1853 Récolte 4,000	
1er Mai la 1re cou-		1er Mai kil., à 40 fr.	160 »
» pe, 4,000 k.,		25 Id., 6,000 k.	240 »
» à 50 c.....	20 »	20 juin Id., 5,000 k.	200 »
25 Id., 2e coupe,		25 juil. Id., 4,000 k.	160 »
» 6,000 kil...	30 »	25 sep. Id., 3,000 k.	120 »
20 juin Id., 3e coupe,		Total...	880 »
» 5,000 kil., à			
» 50 c.......	25 »		
15 juil. Id., 4e coupe,			
» 4,000 kil...	20 »	Dépenses à	
25 sep. Id., 5e coupe,		déduire....	110 »
» 3,000 kil...	15 »		
Total... fr. 110 »		Bénéfice.. fr. 770 »	

Les dépenses et recettes pour ce champ restent à peu près les mêmes pendant les quatre, cinq et quelquefois les dix années suivantes, selon que la nature du sous-sol est plus ou moins perméable aux racines. Après ce terme, il faut de nouveau défoncer et fumer la tèrre et la soumettre à des cultures annuelles pendant trois ou quatre ans, avant d'y remettre de la luzerne.

Si, au lieu d'une terre de première classe on opère sur une terre argileuse, dont le sous-sol compacte s'oppose à la culture de la luzerne, on y ensemence d'autres fourrages à racines non pivotantes propres à ce terrain, tels que vesces, trèfle, etc. Après leur culture, on défonce, on fume de nouveau, et on recommence à cultiver la même série de plantes: les pommes de terre peuvent être remplacées par des betteraves, des carottes, des navets, ou bien on peut encore faire des planches de chacune de ces plantes et les séparer par des rangées de maïs. On peut encore remplacer le froment par le chanvre, le lin, le colza, le coton, le tabac. (Voir le tableau page 88).

De l'assolement.

Ce changement de cultures sur une même terre s'appelle *assolement;* il a pour but de prévenir l'épuisement du sol qui ne tarderait pas, si l'on cultivait toujours les plantes épuisantes demandant à la terre les mêmes sucs. Tels sont le millet, le blé, l'avoine et autres céréales qu'on laisse grainer. Les trèfle, vesces qui laissent une partie de leurs feuilles sur le terrain sont au contraire des plantes améliorantes.

Dans un assolement bien entendu, il faut que chaque année, la moitié du domaine se trouve en fourrages et en racines pour le bétail, un quart environ en céréales, et le reste, non compris le jardin, partagé entre les arbres et la vigne.

Afin de rendre plus intelligible la théorie des assolemens, nous allons indiquer les cultures successives que l'on peut alterner sur divers terrains, dans un petit domaine de cinq hectares. Nous classerons dans un autre tableau toutes les plantes d'une culture analogue, parmi lesquelles on pourra choisir, ainsi que les plantes à cultiver dans le jardin dont il faut toujours laisser le choix à la ménagère.

TABLEAU D'ASSOLEMENT

Ou de Cultures successives que l'on peut faire sur les divers terrains pour les rendre de plus en plus fertiles.

N° 1. Terre franche, 1 hectare.

ANNÉE.
1re Labour léger. Blé, trèfle au printemps (1)
2° Fumier. Labour profond. Pommes de terre.
3° Labourer. Ameublir. Avoine. Luzerne.
4° Luzerne.
5° —
6° —
7° —
8° —
9° —
10° Labour profond. Fumier. Blé. Trèfle au printemps.

N° 3. Terrain calcaire. Vigne à allées, 1 hect.

ANNÉE.
1re Labour profond. Sainfoin ou mélilot.
2° Idem 2° année.
3° Enfouir le regain. Blé.
4° Pois chiches, lentilles fumés.
5° Blé.
6° Sainfoin sur fumier (ou mélilot).
7° Sainfoin.
8° Blé.
9° Sainfoin sur fumier (ou mélilot).
10° Sainfoin.

PLAN

DU JARDIN AVEC L'ALLÉE DE 4 MÈTRES POUR L'EXPLOITATION

(Contenance 1 hectare).

P LAN CH ES

Allée de 4 mètres de largeur.

P LAN CH ES

On doit toujours régler son assolement de manière à faire succéder à une culture de plantes épuisantes une culture de plantes fertilisantes. Les premières (épuisantes) comprennent le blé, le maïs, la cardère à foulon, la garance, colza, chanvre, lin, et enfin les céréales que l'on cultive pour leur graine. Les autres (fertilisantes) sont les trèfles, vesces, sainfoin, etc. dont le détritus qu'elles laissent sur le sol forme un bon engrais, et les plantes sarclées qui exigent beaucoup d'engrais.

N° 2. Terre forte froide salée, conten. 1 hect.

ANNÉE.
1re Labour léger. Vesces, avoine, trèfle mélangés.
2° (2) Labour léger. Fèves ou blé recouvert, et trèfle.
3° Garance à fossés (Voir page 54).
4° Garance 2° année.
5° Ameublir. Fumer. Coton, tabac, chanvre ou racines.
6° Blé. Trèfle au printemps.
7° Vesces, avoine ou fèves.
8° Labour profond. Coton, tabac, chanvre, melons, racines.
9° Blé recouvert. Trèfle au printemps.
10° Vesces, avoine, trèfle mélangés.

N° 4. Terrain sableux. Vigne à allées, 1 hect.

ANNÉE.   page 64).
1re Pommes de terre fumées à trous (V.
2° Maïs. Millet en lignes.
3° Racines sur fumier.
4° Blé.
5° Racines sur fumier.
6° Sésame, pavots, etc.
7° Blé.
8° Racines sur fumier.
9° Sésame, pavots, garance, luzerne.
10° Blé.

(1) En arrivant sur une nouvelle terre, on peut se dispenser de labours profonds afin de profiter du gazon qui est à la surface, et qui forme un bon engrais, mais pour la première année seulement.
(2) Sur les terrains salés, il faut labourer légèrement en commençant pour empêcher le sel de remonter.

En alternant ainsi les diverses cultures, les unes rendent à la terre ce que les autres lui enlèvent, et le sol exige alors un bien moindre entretien pour se conserver en bon état.

Des arbres. — De la vigne.

On plante la vigne et les arbres pendant l'hiver, le plus tôt possible, la vigne en allée dans les terrains les moins humides; les arbres, tels que mûriers, oliviers, au bord des champs, en laissant libre un espace circulaire de 5 ou 6 mètres de diamètre autour du pied.

L'olivier, le pêcher, le cerisier peuvent, sans lui nuire, être plantés parmi la vigne, à la place d'une ou deux souches, mais on fume alors un peu plus leur voisinage.

Du logement du menu bétail.

Aux jours de pluie et de dérangement des travaux extérieurs, il faut s'occuper de la construction du logement du petit bétail, afin d'être en mesure de lui faire consommer avantageusement les produits dont la vente ou le transport serait difficile. On doit aussi, dans le premier hiver, activer les travaux du jardin pour se créer au plus vite des ressources pour la nourriture de la famille et celle des bestiaux.

De la culture des terres.

Quant aux cultures des terres, il n'est pas possible de les faire isolément avec l'outil à bras; car, si le travail d'un bon ouvrier suffit à peine pour entretenir en bon état un hectare de terrain défriché, que pourra un apprenti cultivateur sur un espace inculte cinq fois plus grand ? C'est ici que doit commencer l'association.

En concédant aux colons de l'Algérie une étendue de 3 à 5 hectares, le gouvernement a dû prévoir que, étant également surchargés de travail, surtout au moment des semences et des récoltes, ils ne pourraient s'entre aider et s'il n'a pas jugé à propos de les encourager à l'association, il doit songer du moins à créer des bataillons agricoles mobiles, pourvus de bestiaux de travail et d'instrumens aratoires de toute espèce, pour aider les colons en temps utile et les mettre à même de se passer de secours après les trois années pendant lesquelles il les leur accorde.

Pendant les trois ans qu'il est aidé par le gouvernement, le colon ne doit songer qu'à améliorer sa terre au moyen de cultures profondes et variées, de fumiers, de fréquens enfouissages d'herbes vertes et d'amendemens de toute espèce, et parce qu'un blé aura réussi une première année sur un léger labour, comme le sèment les bédouins, il ne doit pas se croire dispensé des cultures profondes et des fumures, car il arriverait avant peu à ruiner sa terre. Les colons doivent aussi se préparer à l'association par villages, commencer à établir des écuries communes, et à faire l'achat des bestiaux et instrumens de travail qu'il ne serait ni possible ni avantageux à chacun de se procurer ou de se servir isolément.

Dirigés par les hommes les plus capables, ces établissements pourront faire avec profit pour la colonie l'élève des bestiaux, tels que chevaux, bœufs, bêtes à laine, vers à soie peu praticable dans la petite culture et exécuter les grands travaux d'irrigation, d'endiguement et de défrichement nouveaux.

Les colons se contenteront sur leur jardin, dont ils porteront la contenance jusqu'à un hectare, d'élever des porcs, lapins, volailles, mouches à miel, etc. Ils porteront l'excédant de leurs produits, tant en grains qu'en fourrages, à l'établissement général qui sera leur propriété commune.

Les employés à cet établissement, pris parmi les jeunes hommes de la colonie et enrôlés pour un temps déterminé, formeront un bataillon mobile chargé d'aider les propriétaires à l'époque des semences et des récoltes et créeront dans l'intervalle de nouvelles petites fermes dont ils deviendront à leur tour propriétaires.

---

50 millions suffiront à peine pour installer les 13,000 colons qui sont depuis l'an dernier en Algérie; une pareille somme, au moyen de bataillons agricoles, suffirait pour établir dans de meilleures conditions au moins 18,000 petits fermiers qui donneraient un revenu de plus de 3 millions à l'Etat et dont les écuries pourraient, avant quatre ans, fournir annuellement plus de dix mille chevaux et bœufs à la France.

CALENDRIER DU COLON.

JANVIER.

Pendant les jours où le mauvais temps oblige à rester dans la maison, on doit réparer tous les outils, les loges des bestiaux, etc. ; et quand le temps permet de sortir, labourer les terres qui ne sont pas humides, recreuser les fossés et surtout les sillons d'écoulement, tailler la vigne, les arbres, faire les plantations et préparer les couches pour les semis du jardin.

On sème le pavot. (1)   68

FÉVRIER.

On continue pendant ce mois l'entretien des sillons d'écoulement ; on fume les prairies, on finit de tailler la vigne ; on commence, si l'hiver est doux, à tailler les mûriers, les oliviers, et on élague les saules et autres arbres ; on continue les plantations.

On sème :

Les fèves et fèverolles.	4
Avoine.	2
Pavots.	68

MARS.

On termine la plantation et la taille des arbres ; on commence à biner les plantes sarclées, labourer la les vigne, plâtrer les trèfles, sainfoins et les luzernes.

---

(1) Voir les Nos au tableau, page 86.

On sème :

Avoine.	2	Soleil.	14
Trèfle commun.	8	Coton.	17
Trèfle blanc.	8	Tabac.	18
Lupuline.	32	Chicorée.	12
Luzerne.	55	Spergule.	22
Sainfoin.	29	Gaude.	39
Pommes de terre.	56	Lin.	16
Pois chiches.	25	Topinambours.	35
Vesces.	7	Moutarde noire.	66
Carottes.	58	Graine de prés. 29, 41, 53	
Panais.	59	Gesse.	6
Choux en pépinière.	10	Pastels.	62
Betteraves.	57	Garance.	60
Lentilles.	24		

AVRIL.

On greffe les arbres, on arrose ceux nouvellement plantés ; on sarcle et on bine la vigne, les carottes, les pavots, le blé, les fèves et fèverolles, et les pépinières de betteraves, choux, etc.

On sème :

Orge.	20	Maïs.	50
Lotier.	9	Moutarde.	66
Prairies artificielles, luzerne, etc.	29, 55	Laitues pour les cochons.	

MAI.

Plâtrer les trèfles, vesces, échardonner les blés, œilletonner les artichauts, en planter de nouveaux, ramer les pois qui sont déjà forts, biner la vigne et les plantes sarclées ; on fauche les vesces, luzernes, trèfles, sainfoins, et la première coupe des prairies naturelles, et on se dispose pour l'arrosage.

On sème :

Rutabagas.	11	Colza de printemps.	13
Choux.	10	Chanvre.	15
Navets.	34	Millet.	51
Vesces.	7	Cameline.	38
Haricots.	23		

JUIN.

C'est dans ce mois que se termine la fenaison et que commence la moisson, on bine les plantes sarclées, et on sème :

Navette.	37	Cardères.	40
Navets.	34	On peut semer aussi du	
Sarrasin.	26	maïs pour fourrage.	50

JUILLET.

On achève la moisson, et il faut labourer aussitôt les terres, les bien fumer et ameubler pour faire une récolte de haricots après les céréales ; prendre grand soin d'arroser les jeunes arbres plantés de l'année, les oliviers surtout.

On sème :

Haricots.	23	Navets.	34
Colza.	13	Sarrasin.	26

AOUT.

C'est dans ce mois que se font les meilleurs défrichemens, en terre argileuse, alors qu'elle est parfaitement sèche et se réduit facilement en poussière. On prépare les terres qui vont être ensemencées le mois prochain, et on fait les récoltes de lin, de cardère, etc.. qui arrivent à maturité.

3

On sème :

Navette.	37	Spergule.	22
Trèfle incarnat (farouch).	8	Gaude.	39

SEPTEMBRE.

C'est le mois de la vendange et de l'ouverture des grands travaux pour les semences ; on fauche les regains, on récolte les fèves, fèverolles, les graines de trèfles et la plupart des racines, qu'il faut bien soigner en les enfermant si on veut qu'elles se conservent pour l'hiver. On élague les arbres, dont les branches sont destinées au bétail.

On sème :

Froment.	1	Vesces d'hiver.	7
Seigle.	19	Epeautre.	21

OCTOBRE.

On achève la vendange, on continue les semences de céréales ; on tire à la charrue les sillons d'écoulement, si on ne l'a fait dans chaque terre après l'avoir ensemencée, et on cure les fossés.

On prépare les tonneaux pour recevoir le vin ; on décuve pour le commerce, et on prépare ensuite la piquette pour sa boisson, et les feuilles de vigne avec le marc. (Voir page 11.) C'est aussi l'époque de faire le raisin sec, le raisiné et de recueillir le miel.

On sème :

Orge carrée, escourgeon.	49	Pois.	25
Lupins.	28	Fèverolles.	4

NOVEMBRE.

'On butte la garance, on fait des saignées aux terres qui sont humides, et on visite les sillons d'écoulement ; on met sa cave en ordre, et on soigne les racines qui doivent être consommées en hiver ; on s'occupe de l'engraissement des porcs, au moyen de soupes ; on cueille les olives pour confire, on commence à tailler la vigne et les arbres.

On achève les semences tardives de :

Céréales.	1
Fèves.	4

DÉCEMBRE.

Les travaux des champs à peu près terminés, on fait la récolte des olives pour l'huile, on continue à tailler la vigne, on visite les sillons d'écoulement, on prépare les couches et les abris pour les semis du jardin, on s'occupe de l'engraissement du bétail, et l'on arrête ses comptes de dépenses et recettes, on met à jour sa comptabilité.

DES TERRAINS SALÉS

EN GÉNÉRAL.

Vers le milieu du siècle dernier, quelques agronomes anglais et, avant eux, des hollandais avaient déjà traité la question si importante du dessalement des marais ; mais les grands travaux d'endiguement qu'ils proposaient ne purent jamais être entrepris par les petits cultivateurs fermiers, alors qu'ils louaient à bas prix des terrains plus sains et plus fertiles. Quant aux grands seigneurs, propriétaires de la plupart de nos vastes plages et marais, ils préféraient se les réserver pour la pêche et la chasse ; d'ailleurs, ils ne s'occupaient pas de l'agriculture.

Les seuls travaux de dessèchement exécutés par quelques communes le furent toujours en vue de l'assainissement plutôt que de la culture, car ces terrains étant reconnus impropres à la production, on les abandonnait aux joncs et aux roseaux.

Les choses prirent une autre tournure dès le commencement de notre siècle, alors que d'une plus grande division du sol naquit un plus grand nombre d'intéressés à sa production. Les cultivateurs s'approchèrent du marais et de la plage et commencèrent par en défricher prudemment les bords ; leurs premiers essais sur ces parties ne pouvaient manquer de réussir, car les détritus de joncs et de roseaux qu'elles produisaient, depuis bien des années, avaient formé une couche arable assez épaisse pour empêcher le sel de remonter même après la culture.

Alléchés par ce premier succès du petit cultivateur, des spéculateurs se formèrent bientôt en compagnies pour opérer en grand sur ces nouvelles terres et ils achetèrent des domaines de plusieurs mille hectares d'étendue, mais les habitans de la localité ne virent pas d'un bon œil l'établissement de ces compagnies; les propriétaires par jalousie peut-être, le braconnier parce qu'elles venaient usurper ses droits et l'ouvrier parce qu'il ne pouvait plus prendre ce qu'il voulait dans le marais, en sorte que les gérans de ces compagnies, presque tous nouveaux sur ces terrains, ne pouvaient même prendre des conseils des gens du pays, (les cultivateurs savent combien c'est important toutes les fois que l'on veut opérer sur une nouvelle terre) et les patrons, tous gens de finance, croyant pouvoir traiter un défrichement salé comme une opération de banque, voulant toujours aller vite afin de réaliser bientôt des bénéfices, dépensaient en quelques mois sur ces terres ce qu'ils n'auraient dû y dépenser qu'en plusieurs années.

Les résultats de leurs fausses manœuvres ne se firent pas attendre; après avoir dépensé des sommes énormes en canaux, digues et labours, la plupart de ces compagnies fut obligée d'abandonner ou de céder à d'autres compagnies, car le sel qui n'était qu'à quelques centimètres sous terre apparut bientôt à la surface et la céréale sur laquelle on avait compté, n'y germa plus.

Pendant ce temps, le petit cultivateur se livrait à

d'autres essais, il recouvrait la terre de joncs et de roseaux après l'avoir ensemencée et y tentait la culture de la garance, en semis d'abord, puis en repiquage. Dans d'autres localités, au contraire, épouvantés par l'insuccès de riches compagnies, les cultivateurs n'osaient entreprendre aucun travail dans leurs terres salées et préféraient attendre, comme autrefois, qu'à force de temps (20 à 25 ans) et d'arrosage, leurs prairies se formassent d'elles-mêmes.

La culture des terres salées en était à ce point, lorsque l'introduction de la culture du riz en France est venue depuis trois ans faire concevoir de nouvelles espérances pour les champs qui peuvent être mis en rizières. Nous dirons seulement en passant de cette culture que, pour qu'elle soit praticable, il faut un climat au moins aussi chaud que celui du midi de la France et une quantité d'eau d'arrosage en rapport avec la perméabilité du sous-sol, de telle sorte que l'on puisse en maintenir dans les carrés une hauteur de 20 à 25 centimètres, et la renouveler de temps en temps pendant les cinq mois de la végétation du riz.

Les terrains argileux, imperméables sont les meilleurs pour cette culture et la quantité d'eau d'arrosage nécessaire est alors de 90 mètres cubes environ par jour et par hectare. Toutes les fois que ce mode de dessalement est praticable, les cultivateurs ne sauraient en employer d'autre avec plus de succès, car outre que la culture du riz dessale promptement les terres, elle est d'un très grand rapport.

La culture du riz n'est pas très salubre, il

est vrai, mais comme elle se pratique ordinairement dans les localités déjà malsaines, elle concourt puissamment à les assainir par le renouvellement des eaux qu'elle nécessite et par l'exhaussement du sol, conséquence naturelle de l'introduction d'eaux bourbeuses à chaque crue de la rivière qui les alimente.

Dans les localités où les terres salées arrosables sont trop près des villes ou villages pour que l'on tolère la rizière, les propriétaires se contentent de former des champs de 1 ou 2 hectares au moyen de digues de 60 à 80 centimètres de hauteur, d'y introduire autant d'eaux limoneuses que possible et de les tenir entièrement submergées pendant l'hiver. À la fin de l'été, ils fauchent les joncs ou les roseaux qu'ils vendent à un très bon prix, du reste, pour cuire la tuile ou faire des litières. Après vingt ou vingt-cinq ans, la terre se trouve exhaussée et le roseau, à force d'être fauché, a fait place à une herbe plus fine et à un petit trèfle jaune qui forme un excellent fourrage très goûté des animaux.

Jusque là, c'est très bien ; l'opération a été longue, il est vrai, mais elle parait bonne, elle donne pour résultat une prairie qui fournit une première coupe de 5,000 kilog. de bon foin par hectare, une coupe de regain de 2,500 à 3,000 kilog. et quelquefois une troisième coupe.

Malheureusement la prairie ne peut pas toujours durer ; elle se détériore, au contraire, plus vite qu'on ne pense, car alors on ne doit plus la submerger d'eaux troubles, et lorsque les eaux deviennent claires, elles sont trop basses pour l'arrosage.

Combien de propriétaires ont aujourd'hui le regret d'un pareil exhaussement! Ils n'osent pas défricher leurs prairies, devenues mauvaises par l'impossibilité où ils sont de les arroser, car ils savent que le sel, cet ennemi redoutable, est là, à quelques centimètres, sous l'herbe même, prêt à apparaître au premier coup de charrue.

Il y avait un moyen bien simple d'éviter cet inconvénient pendant que les terres étaient encore basses; il consistait à abattre les roseaux chaque année dans de profonds sillons creusés à la charrue, à arroser et renouveler l'eau fréquemment, au lieu de la laisser se saturer de sel et croupir pendant plusieurs mois. Par ce moyen, la terre se dessalait presque aussi vite que par la culture du riz, et la couche meuble de la surface se trouvait assez épaisse pour empêcher le sel de remonter même après la culture.

Avec l'eau et le fumier, en agriculture, on fait des miracles, a-t-on dit de tous les temps; aussi les compagnies de spéculateurs, voyant d'immenses marais arrosables et garnis de roseaux et joncs pour faire du fumier, s'y étaient surtout jetés avec fureur, croyant y faire des miracles d'argent, et avaient dédaigné les terres non arrosables.

C'est surtout de ces terrains que nous allons nous occuper; et, comme nous l'avons déjà dit, leur culture est applicable aux autres terrains non salés, suivant qu'ils se rapprochent plus ou moins, par leur position et leur composition, d'une des trois classes que nous avons formées des terrains salés.

DE LA CULTURE DES TERRES SALÉES

NON ARROSABLES.

Restés dans le domaine de la petite culture, ces terrains purent être exploités par les petits cultivateurs, et leurs essais ne furent pas infructueux, car à défaut d'argent ils avaient, de plus que les riches compagnies, une meilleure pratique, résultat d'une plus longue expérience.

Avant d'examiner ces divers terrains, tant au point de vue de leur composition que de leur culture, nous dirons un mot de la capillarité, phénomène par lequel s'opère l'ascension du sel à la surface de la terre.

Tout le monde sait qu'en enfonçant dans un vase plein un tuyau par un bout, et aspirant par l'autre, on fait monter le liquide, tel est à peu près l'effet de la capillarité. Les pores de la terre forment autant de petits tuyaux à travers lesquels le sel est attiré par la matière, l'eau et le soleil. Il est dès lors facile de concevoir pourquoi le sel ne remonte plus au-dessus d'une couche de terre meuble, et pourquoi l'on trouve, au pied de plantes salines, quelques graminées dont la graine n'aurait pu lever en plein champ salé. Dans le premier cas, la culture produit sur les tubes de la terre le même effet que produirait un grand nombre de trous sur le tuyau dont nous avons parlé. Dans le deuxième cas, c'est parce que l'abri, formé par la plante saline, a favorisé le dessalement d'une portion de terre que la graminée a pu y germer. Il s'ensuit de là, qu'il faut recouvrir les terres salées, afin de multiplier les abris, et les remuer aussi souvent que possible, afin d'empêcher les tubes capillaires de se reformer par le tassement.

Les terrains salés étant plus ou moins sujets de la capillarité, suivant leur composition et leur tassement, nous en formerons trois classes.

1° Les terrains d'alluvions de fleuves ou de rivières;

2° Ceux formés de sable de mer, mélangés de vase et de toute espèce de détritus qui se trouvent dans les étangs;

3° Enfin, les sables arides qui, une fois repoussés sur la plage par les vagues de la mer, restent pendant un certain temps mobiles au gré des vents.

Ces derniers peuvent n'être pas formés sur le lit même de la mer.

DES TERRAINS DE PREMIÈRE CLASSE.

Les terrains d'alluvion, qui sont généralement riches en humus et composés d'un heureux mélange de sable et d'argile, peuvent être considérés comme les plus fertiles; arrosables dès leur formation, ils conservent encore longtemps après qu'ils ne le sont plus le germe de certaines plantes aquatiques qu'ils produisaient dans leur état primitif de marais; mais c'est surtout le roseau (*arundo phragmites*) dont les racines se trouvent jusqu'à deux mètres en terre qui persiste le plus longtemps. Pour le détruire, il suffit de le sarcler ou de le faucher souvent. Coupé en vert, pendant qu'il est encore tendre, il fournit une excellente nourriture pour les bestiaux.

Lorsque le terrain est plus sec, on y voit apparaître le salicor, la blanquette, etc., et enfin l'astère après que les champs ont été labourés; cette plante se multiplie considérablement dans le courant des années où la terre est laissée en jachère, mais on vient facilement à bout de la détruire, ainsi que les autres, par une bonne culture.

Quant aux arbres et arbrisseaux, on n'en rencontre que très peu qui soient venus naturellement, et encore est-ce sur d'anciens canaux comblés, là où la terre n'est presque plus salée.

De la culture du tamarix.

Le tamarix seul parmi les arbres ou arbrisseaux réussit dans ces terrains, et sa culture y est profitable. Coupé tous les trois ou quatre ans, à 4 ou 5 c. de terre, il fournit en quantité un excellent bois à brûler. Quelquefois on le laisse venir en arbre sur un seul pied, et on en trouve sur les bords même d'étangs baignés par les eaux salées, atteindre une hauteur de 5 à 6 mètres sur un tronc de 25 à 30 c. de diamètre ; mais ce dernier mode de culture n'est pas avantageux.

On multiplie le tamarix par boutures prises autant que possible sur de jeunes pousses. Après les avoir mises à tremper pendant quelques jours, on taille en sifflet une extrémité de la bouture, et on l'enfonce à 20 c. en terre, laissant un intervalle de 30 c. environ entre chaque plant.

Si l'on veut établir des haies de tamarix, on creuse à 80 c. l'un de l'autre deux sillons parallèles avec la bêche ou la grande charrue à versoir, en ayant soin de renverser la terre sur l'entre-deux, et l'on pique deux rangées de boutures sur cet entre-deux, à 5 c. de chaque bord intérieur, les sillons restant libres pour former des rigoles d'écoulement.

Lorsqu'on établit une haie sur le bord d'un fossé, il est bien entendu que l'on n'a qu'un sillon à creuser.

La reprise du tamarix est prompte lorsque la plantation en est faite à propos, c'est-à-dire au moment où la sève commence à monter (janvier, février), et, pour peu que l'on en prenne soin pendant les deux premières années, on pourra les mettre en coupe réglée à partir de la 4e ou 5e.

Les coupes doivent être réglées de manière à ne pas dégarnir toute la haie dans la même année; car, outre le revenu en nature que l'on en retire, ces haies forment des abris très avantageux pour les autres cultures, dans ces contrées exposées à de fréquens vents violens, et généralement dégarnies d'arbres.

Enfin, lorsqu'on défonce une haie qui a porté du tamarix pendant quelques années, le terrain qu'elle occupait se trouve non-seulement dessalé, mais encore enrichi du détritus de sa feuille, mélangé de terre provenant du recreusement des petites rigoles; et les racines du tamarix se décomposant facilement, fournissent un très bon engrais aux plantes qui les avoisinent.

De la culture des arbres.

A mesure que la terre se dessale, les arbres y

croissent dans l'ordre où on les rencontre en re-
montant. Ainsi, on trouve d'abord le saule noir,
le blanc, la verne, le pin maritime, le cyprès, le
peuplier blanc, le peuplier d'Italie, le peuplier de
la Caroline, le platane, l'orme, le frêne, et enfin
tous les arbres du pays. Les arbres à fruit à pepin
y viennent mieux que les arbres à noyaux, et la
vigne y donne de grands produits.

La culture des arbres dans les terres plus ou
moins salées se pratique comme partout ailleurs ;
mais pour que leur réussite soit complète et leur
venue plus prompte, il est quelques soins de plus
à prendre lors de la plantation. Ainsi, au lieu de
panter les arbres dans des trous, il faut creuser un
fossé de 1 mètre de largeur et de 60 à 80 c. de
profondeur, ayant une légère pente ; jeter dans le
fonds du fossé un lit de fagots de vigne ou d'autre
bois, de 30 à 35 c. d'épaisseur, et le recouvrir d'une
couche de 15 c. d'épaisseur de la première terre
du fossé ; placer l'arbre au-dessus, en ayant toujours soin d'entourer les racines de la meilleure
terre, et combler le fossé dans l'intervalle des arbres avec la terre qui provient du fond.

Quelque élevée que puisse paraître la dépense
occasionnée par ce travail, on ne doit jamais négliger de le faire ; il vaudrait mieux ne pas planter,
ou planter seulement du tamarix ; car, en même
temps qu'elle détruit l'effet de la capillarité, l'opération dont nous venons de parler favorise l'écoulement des eaux saumâtres qui se trouvent toujours
dans les couches inférieures de ces terres, et prépare une couche de détritus où les jeunes racines
ne tardent pas à venir puiser des sucs nourriciers.

Au contraire, lorsque les arbres sont plantés dans des trous où les eaux croupissent, ils languissent très longtemps, et nous en avons vu, dans ce cas, dont le diamètre de la tige avait à peine augmenté de 1 c. en cinq ans.

Que l'on compare le produit de l'arbre qui vient bien avec celui qui met quelquefois dix ans avant de porter, et l'on verra si l'on doit hésiter à bien soigner une plantation.

Le mode de plantation que nous proposons est applicable à tous les terrains marécageux, salés ou non. La dépense est de 60 à 75 centimes le mètre courant, soit 3 fr. à 3 fr. 75 c. par arbre, non compris le plant, dans une plantation à 5 mètres.

De la taille des arbres.

La taille des arbres dans les terreaux salés ne diffère en rien de celle pratiquée partout ailleurs; seulement, pour les arbres à haute futaie, on doit tenir la tige plus basse et éclaircir la tête pendant les premières années, à cause des grands vents qui peuvent les déraciner ou les casser.

La taille des arbres à haute futaie, dont on destine les branches et les feuilles aux bestiaux, se fait ordinairement au mois d'août ou septembre. On fait des fagots qu'on laisse un peu sécher, et on les enferme pour l'hiver.

L'élagage ou taille des saules se fait tous les trois ou quatre ans, au mois de février et le plus près possible du tronc; mais, si l'on veut avoir de grandes perches, on se contente d'émonder les branches chaque année au mois de mars.

L'époque de la taille du mûrier est aussi bien le

printemps que l'automne, lorsqu'il s'agit d'un simple élagage de branches mortes ou qui ont été endommagées en ramassant la feuille. Mais, si l'on doit couper de fortes branches, il convient d'attendre après les gelées.

Il en est de même de l'olivier, avec cette différence qu'il ne faut tailler celui-ci que tous les trois ou quatre ans, lorsqu'il commence à trop se charger de bois et de rameaux.

L'époque de la taille des arbres à fruits à pépins commence au mois d'octobre finit en janvier, celle des fruits à noyaux commence en mars et finit en avril. On termine par celle du pêcher.

Le but de la taille, en retranchant une partie des branches, est de rendre la sève plus abondante à celles qui restent et d'améliorer ainsi les fruits; pour les arbres qui ne produisent que du bois, le but de la taille est de leur donner la forme que l'on désire, et pour les uns comme pour les autres, elle sert à maintenir l'équilibre entre les branches.

La taille des arbres demande plus d'intelligence que d'adresse, et quoique l'on sache très bien manier l'outil, chose indispensable d'ailleurs, cela ne suffit pas.

Avant de se mettre à l'œuvre, il faut examiner l'arbre dans son ensemble pour juger de sa forme et de l'équilibre de ses branches et visiter ensuite chacune de ses parties.

On commence par retrancher les parties cariées, le bois mort, le bois gourmand, et enfin les branches à bois et aussi quelques-unes à fruit qu'on juge devoir être taillées. Pendant l'opération, on s'éloigne de temps en temps de l'arbre pour juger de l'ensemble du travail.

1° Il faut faire les coupures franches, unies et en sifflet, de manière que l'eau ne puisse séjourner dessus ;

2° Ne laisser ni tronçons ni chicots sur la partie amputée ;

3° Laisser à l'arbre la forme que la nature lui imprime, à moins qu'on ne veuille lui en donner une. d'agrément.

4° Avoir appris d'un praticien à distinguer les branches à fruits de celles à bois. Les premières sont petites, courtes, nourries, et ont des gros boutons bien ronds. Les autres sont les grosses branches destinées à former la tête de l'arbre, et aussi celles venues sur la taille de l'année précédente.

De la greffe des arbres.

Avant d'essayer de greffer soi-même un arbre, il est bon, de même que pour la taille, de l'avoir déjà vu faire. On greffe les poiriers, les pommiers et tous les arbres à fruit à pépin les uns sur les autres, et mieux encore sur coignassier.

Il en est de même des arbres à noyaux entre eux ; mais l'abricotier et le pêcher se greffent plus particulièrement et plus avantageusement sur amandier.

L'époque de la greffe est ordinairement fin février ou mars, au moment où les arbres sont en pleine sève.

On greffe de plusieurs manières ; mais nous ne parlerons que des quatre plus utiles. Greffes en fente, en couronne, en flûte, en écusson.

Pour la greffe en fente, il faut couper la tête de l'arbre ou une des principales branches, et fendre dans le milieu jusqu'à une certaine profondeur, de manière à pouvoir insinuer dans la fente une branche greffe que l'on prend d'un autre arbre et dont on taille l'extrémité en forme de coin ; l'insertion terminée, on recouvre et on ligature la fente avec de l'écorce d'arbre, on enduit le tout de poix ou d'argile délayée, mêlé de vanne ou de bouse de vache, de manière à empêcher l'air de pénétrer, et on taille la branche-greffe en lui laissant trois ou quatre yeux.

La greffe en couronne se fait à peu près de la même manière ; sur les gros troncs que l'on craindrait d'endommager en les fendant par le milieu, on pratique quatre ou cinq et plus de fentes encore autour de la couronne, entre l'écorce et le bois, et l'on y introduit autant de branches-greffes que l'on recouvre et que l'on taille comme pour la greffe en fente.

Pour la greffe en flûte, l'on coupe une petite branche à quelques centimètres du tronc, et l'on enlève l'écorce du bout sur une longueur de 3 ou 4 centimètres ; on choisit une branche-greffe de même dimension sur un autre arbre et on en détache une portion d'écorce avec un ou deux yeux qui s'appliquent exactement sur la partie dépouillée ; on ligature et on enduit en prenant soin de ne pas couvrir les yeux des greffes.

La greffe en écusson est celle qui se pratique ordinairement pour l'olivier. On coupe sur un bon arbre une petite portion d'écorce de forme triangulaire ayant un bon œil au milieu ; on fait une incision en forme de **T** sur une partie unie de branche ou du tronc même si l'on opère sur un jeune olivier ; on écarte avec le dos de la lame d'un couteau les bords de l'ouverture et on y place l'écorce de greffe sur laquelle on rabat les bords et on ligature.

Il faut bien faire attention que la greffe appuie exactement sur l'arbre et que l'œil ne soit pas couvert. L'opération terminée, on surveille les greffes et l'on détruit au fur et à mesure tous les petits bourgeons qui naissent à l'entour sur le sauvageon.

Une bonne pratique pour la greffe des jeunes oliviers, c'est de leur couper la tête en janvier ou en février pour les greffer en mars au moment où la sève commence à partir.

Nouveau mode de plantation de la vigne.

La vigne vient bien dans les terres qui commencent à se dessaler ; mais ses produits, quoique très considérables, sont d'une qualité tellement inférieure que nous hésitons à croire avantageuse sa culture, telle du moins qu'on la pratique aujourd'hui.

Sur tout le littoral du midi de la France on plante la vigne en quinconce, à 1 mètre 50 centimètres entre les plantes, et ceux-ci enfoncés en terre de 50 centimètres environ. Dans certaines localités on plante le sarment droit, après avoir percé un trou avec une tarrière ; mais ce mode est très vicieux dans les terrains bas, car l'extrémité du plant se trouve alors dans l'eau saumâtre et se pourrit. Dans d'autres localités, on couche le sarment et on le coude avec le pied, dans un trou fait à la pioche ou à la bêche, à 20 ou 25 centimètres de profondeur.

Ce mode est plus avantageux, car la vigne étant une plante à racines traînantes, on ne doit pas l'enfoncer dans des régions où elle ne trouverait pas à se nourrir; mais afin de mettre un plus grand nombre de nœuds en état de fournir des racines, il faut coucher le plant à 30 ou 35 centimètres de profondeur et le couder en le redressant, sans le casser, de manière que 50 centimètres de la tige se trouvent dans la terre.

Quant à la disposition des plants entre eux, l'expérience et l'observation nous ont convaincu que celle en quinconce n'est pas la meilleure. En effet, si l'on jette un coup d'œil sur les premières rangées d'une vigne voisine d'une terre à blé ou à fourrage, on ne pourra s'empêcher de reconnaître que leurs produits sont plus considérables, et que les ceps eux-mêmes sont d'une plus belle venue que ceux du milieu de la vigne. La qualité des produits est supérieure aussi; car au lieu de se nourrir exclusivement de la masse de fumier que l'on enfouit au pied des souches de l'intérieur de la vigne, les racines ayant un plus grand espace à parcourir, vont chercher plus loin les sucs d'engrais normaux, provenant des détritus d'autres plantes et on fume moins.

Ces considérations et la diminution continuelle du prix des vins doivent faire songer sérieusement les vignerons à tirer un meilleur parti de leurs vignes en les plantant de la manière suivante.

Tracer avec la bêche ou la charrue à versoir deux rigoles parallèles de 25 à 30 centimètres de largeur et autant de profondeur, à 1 mètre l'une de l'autre; placer les plants dans ces rigoles, à

1 mètre de distance entre eux, coudés comme nous l'avons dit plus haut, de telle sorte que les plants de chaque rangée semblent se tourner le dos ; laisser ensuite un espace de 5 mètres, libre pour y faire d'autres cultures, planter deux autres rangées de la même manière, et ainsi de suite dans tout le champ qui se trouve alors disposé en allées séparées par deux lignes de ceps. Ces lignes ne devront pas se prolonger jusqu'aux extrémités du champ ; il faudra laisser libre en tête des allées une autre allée transversale de 5 ou 6 mètres de largeur pour faciliter le passage de la charrette ou de la charrue d'une allée à l'autre.

Par cette disposition, il entre presque autant de ceps dans une étendue donnée que dans la plantation en quinconce à 1 m. 60 c., et les produits obtenus avec une moindre quantité d'engrais sont meilleurs et plus considérables.

Cette conviction nous est acquise par des essais faits sur des vignes de quinze à vingt ans dont nous avons arraché deux rangées entre autres, et cultivé les allées en fourrages annuels, plantes sarclées et céréales. Dès la deuxième année, nous obtenions la même quantité de vin qu'auparavant et nous avions déjà fait deux autres récoltes sur les deux tiers de l'étendue qui se trouvait en champ.

La différence des revenus est plus sensible encore lorsque l'on plante une jeune vigne, car, en suivant le mode ordinaire, non-seulement la terre ne produit rien pendant les premières années, mais encore elle nécessite des cultures qui sont très dispendieuses, tandis que par le mode que nous proposons les deux tiers du champ ne cessent de produire, et les cultures que l'on fait pour les autres plantes servent aussi pour la vigne.

Ce mode de culture est d'autant plus avantageux dans les terrains salés et découverts, qu'en disposant les allées du nord au midi on abrite les autres cultures des vents d'ouest, et l'on obtient une double récolte pour parer aux frais de dessalement trop considérables quand on ne cultive que des céréales.

Dans les terrains salés du Midi, la vigne réussit là où vient le blé, et l'époque la plus convenable pour la planter, c'est le milieu de l'hiver; mais il faut creuser les sillons en automne et laisser la terre sur les bords afin que les gelées aient le temps d'en diviser les mottes. On fait alors tremper les sarments pendant huit ou dix jours, et l'on plante; quelques jours après on travaille à la pioche ou à la bêche l'intervalle des rangées et l'on rabat les plantes à 15 ou 20 c. de terre au-dessus d'un nœud. Les allées se cultivent à bras d'homme ou à la charrue. On a seulement le soin de ne pas cultiver deux années de suite dans les mêmes allées des plantes qui exigent peu de labour; il faut, au contraire, alterner la culture des différentes plantes sarclées avec la céréale et les fourrages.

De la taille de la vigne.

Dès la deuxième ou troisième année, on élève la vigne sur deux branches qui partent de 15 à 20 c. de terre, et on les entrelace deux par deux sur des échalas placés entre les ceps, ou mieux encore sur un fil de fer maintenu par des pieux à 1 mètre de terre au-dessus de chaque rangée, de manière que les grandes allées semblent bordées d'une guirlande.

La taille de la vigne devient alors très facile ; on a seulement le soin de ne pas trop dégarnir le bas de la souche ; on laisse trois ou quatre yeux sur les sarmens de ces parties, tandis qu'on n'en laisse qu'un sur ceux d'en haut.

Les plants qui conviennent à ces terrains sont l'aramont, le terret, et l'un des grands avantages de ce mode de plantation, c'est d'éviter la pourriture à laquelle ces qualités sont sujettes avec la plantation ordinaire.

L'époque de la taille varie suivant l'espèce ; ainsi, il n'y a pas d'inconvénient à tailler le terret de bonne heure, c'est-à-dire en novembre, tandis qu'on ne doit pas tailler l'aramont avant février, à moins cependant que l'hiver n'ait été tellement doux que les bourgeons fussent prêts à sortir.

De la préparation de la piquette.

Nous ne voulons pas parler ici de frelater les vins, comme cela se pratique ordinairement dans le commerce, mais seulement d'un mode de préparation très simple pour se procurer une boisson agréable et peu coûteuse. Les vins du Midi sont presque tous gros, noirs, sucrés, parce que les négocians ne les employant que pour colorer et fortifier les vins légers du Nord les veulent ainsi, et les cultivateurs, n'ayant pas toujours deux cuves à leur disposition, sont obligés de sacrifier leur goût à leur intérêt.

Après avoir tiré de la cuve tout le gros vin noir, destiné au commerce, il faut ramasser de suite ou même avoir ramassé d'avance les raisins verts qui restent au bout des sarmens après la vendange, les fouler et les jeter sur le marc, remplir la cuve d'eau et laisser fermenter pendant huit jours. La piquette que l'on soutire alors fournit de suite une boisson agréable qui se bonifie beaucoup lorsqu'on la laisse exposée à la gelée.

Préparation du marc avec feuilles de vigne pour le bétail.

Au lieu de retirer le marc pour le passer au pressoir, il faut jeter par-dessus les feuilles de vigne pendant qu'elles sont encore vertes, les mélanger autant que possible avec le marc et les couvrir d'eau. On laisse ce mélange submergé pendant tout l'hiver, et l'on en tire chaque jour un bon repas, au moins, pour tous les bestiaux. Le bœuf, le cheval, la mule, le porc, et même la volaille sont très friands de cette nourriture, surtout si l'on a eu soin de jeter quelques kilogrammes de sel dans la cuve.

De cette manière on économise les frais de pressoir, on se procure à très peu de frais une boisson agréable et on augmente ses moyens d'alimentation pour le bétail.

De la culture des céréales.

Suivant les localités, on emploie différens modes de culture pour la céréale ; d'abord celui de la jachère, pendant une ou plusieurs années consécutives, jusqu'à ce que la terre se trouve recouverte d'un petit gazon ; alors on défonce à 10 ou 12 c. au plus, on donne deux ou trois labours légers et on sème. Dès la deuxième année, la petite herbe qui tenait la terre soulevée se trouve pourrie, la terre se tasse de nouveau, et l'effet de la capillarité recommence. Il faut alors attendre qu'un hiver pluvieux ait favorisé le dessalement momentané de la surface du sol et la germination de petites plantes peu délicates qui devront, à leur tour, reformer le gazon avant d'ensemencer la terre.

Ce genre de culture ne peut guère convenir qu'à des Bédouins nomades, qui reviennent tous les cinq ou six ans ensemencer la terre qu'ils avaient abandonnée. Aussi, ne nous occuperons-nous que de celui mis en pratique dans les localités où l'agriculture a fait plus de progrès.

Quoique, dans ces derniers temps, l'Anglais M. Furny se soit attribué l'innovation et ait voulu donner son nom (*furnéisme*) au système dont nous allons parler, il est certain que, depuis plus de vingt-cinq ans, ce système est en usage dans plusieurs départemens du Midi de la France. Nous avons donc le droit, nous, méridionaux, de le lui revendiquer.

Il consiste, après que la terre a été ameublie et ensemencée, à la recouvrir d'une couche mince de roseaux, de joncs ou de paille, et son action a pour effet de favoriser le dessalement et d'activer la végétation des plantes.

Ce mode est très efficace, mais il occasionne des dépenses considérables, et si nous conseillons de le mettre en pratique, c'est seulement dans les terres-vignes dont nous venons de parler, car, dans un champ à céréales seulement, la recette ne couvrirait pas toujours la dépense.

La quantité de gerbes nécessaires pour recouvrir

un hectare est d'environ **3,000** à **25** fr. le mille, et la main-d'œuvre **20** à **25** fr., soit environ **100** fr. par hectare.

Lorsqu'arrive le printemps, répandre quelques graines de trèfle sur ces terres, afin qu'après la moisson le sol se trouve encore recouvert, et enfouir avec les roseaux à la fin de l'été ; telle est l'amélioration que nous proposons aux cultivateurs.

L'époque des semailles ne peut pas plus se préciser que celle des récoltes, car elles sont soumises aux variations de l'atmosphère ; nous dirons seulement que pour les semences d'automne il faut être en mesure lors de la chute des feuilles, afin de pouvoir ensemencer avant les pluies. Quant aux récoltes en général, on ne doit jamais attendre une trop complète maturité.

Des diverses cultures.

Nous allons examiner successivement la culture des plantes qui réussissent le mieux en terres salées, sans nous occuper de leur composition chimique ; ce sera à la science de nous éclairer sur ce point, de nous dire quelle est la quantité de sel qui peut entrer dans la composition d'un terrain sans nuire à la germination ou à la végétation de telle ou telle plante.

Nous dirons seulement qu'une des principales causes nuisibles à la germination et à la végétation dans les terrains salés, c'est qu'aussitôt après la pluie il se forme, à la surface, une croûte imperméable sous laquelle se tordent et meurent la plupart des germes sans pouvoir la percer. Les jeunes plantes peu vigoureuses n'ont pas moins à souffrir de cette croûte qui durcit de plus en plus, car elle les étrangle au collet, suspend leur développement et les fait mourir si l'outil ou une nouvelle pluie ne vient à leur secours.

C'est pour cela que les semailles d'automne sont préférables pour les plantes qui ne doivent avoir que peu ou point de culture pendant leur végétation; les pluies étant rares au commencement de cette saison, le grain a le temps de germer avant la formation de la croûte, et la saison devenant ensuite de plus en plus humide, la plante lève facilement, jette de vigoureuses racines pendant l'hiver, et se trouve toute disposée à monter rapidement dès que la chaleur se fait sentir.

Si, au contraire, on attendait au printemps pour faire les semailles, il arriverait souvent qu'à la suite d'un hiver humide les cultures seraient trop retardées, et, la sécheresse arrivant, on ne pourrait plus compter sur la pluie pour amollir la croûte. Cela est applicable aux céréales et aux plantes que l'on sème à la volée, surtout lorsqu'on ne recouvre pas la terre d'une légère couche de paille ou de roseaux.

Quant aux plantes sarclées que l'on ensemence généralement au printemps, il faut toujours les fumer avec les engrais les plus énergiques, afin que leur levée soit plus prompte, et si la croûte vient à se reformer, on se sert pour la rompre du petit *perce croûte* à bras en usage chez les Provençaux. Nous en reparlerons au chapitre des instrumens.

Si l'on fume avec du tourteau ou tout autre engrais en poudre, il convient de le répandre sur la graine même et de faire tremper celle-ci pendant quelques heures dans l'eau de fumier avant de la mettre en terre, afin d'activer sa germination.

De la culture des fèves de marais.

La fève de marais est une des plantes dont la graine lève le mieux en terre salée; semée en automne, elle donne des produits plus considérables que quand on la sème au printemps. Mais cependant on ne peut conseiller de préférer cette première saison que si le champ se trouve abrité, naturellement ou artificiellement, et bien fumé.

La terre étant bien ameublie par deux ou trois labours à 20 ou 25 c. et bien fumée, on sème les fèves par rangées distantes de 50 à 60 c. Une femme suit la charrue et répand les graines une à une dans la proportion de 6 à 10 par mètre courant, chaque deux ou trois sillons, suivant la distance à laquelle on veut établir les rangées. Quoique dans quelques localités on ne donne plus de labour aux fèves quand elles sont ensemencées, il est certain que les sarclages et les binages concourront toujours puissamment à l'abondance des récoltes et au dessalement de la terre.

Il faut fréquemment visiter les fèves pendant leur végétation et dès que l'on aperçoit des bouquets sur lesquels il y a des pucerons, il faut les couper avec précaution et les brûler, car autrement il pourrait arriver qu'en moins de quinze jours le champ fût dévoré par ces insectes.

On récolte les fèves en vert et en sec. Dans le premier cas, on cueille les gousses à la main sur la plante avant leur maturité, et, dans l'autre cas, en fauche un peu plus tard, on met en bottes et on fait sécher sur le sol avant de battre.

De la culture du trèfle.

« La viande c'est du pain » a dit notre ex-ministre de l'agriculture, M. Tourret ; le trèfle, c'est la viande dans les terrains salés, dirons-nous, car c'est le seul fourrage qui y donne de bons produits et à peu de frais en commençant. Les détritus de ses feuilles fournissent en outre à la terre un puissant élément de production pour la céréale.

Nous avons déjà dit et nous recommanderons encore de ne jamais négliger de répandre de la graine de trèfle sur les céréales, au commencement du printemps, il bonifie la paille, donne une coupe de fourrage après la moisson et son regain enfoui, améliore considérablement la terre.

Parmi les diverses variétés de trèfle, le *jaune* réussit le mieux ; on peut du reste les mélanger sans inconvénient. 8 ou 10 kilog. suffisent pour ensemencer un hectare.

De la culture des vesces.

Les vesces que l'on sème indistinctement au printemps et à l'automne, lèvent assez bien sur les terrains qui sont en voie de dessèchement ; mais dans les pays découverts et qui retiennent les eaux pendant toute la saison des pluies, il faut toujours les semer avec moitié avoine, afin que celle-ci leur serve de tuteur et d'abri contre les gelées et l'humidité.

L'automne est l'époque la plus convenable pour ensemencer à cause de la croûte dont nous avons déjà parlé. La quantité de semence nécessaire est de 125 litres et autant d'avoine par hectare. En se servant du semoir dont nous parlerons plus loin, on économisera un bon tiers de la semence.

La vesce mélangée avec l'avoine, compose un excellent fourrage que l'on appelle *entre-deux*; il est très sain, très nourrissant et peut être mangé par les bestiaux aussitôt après la récolte, sans qu'il en résulte pour eux le moindre dérangement. On le coupe au moment où la graine est à peine formée et on le prépare comme tout autre fourrage

La culture de la vesce améliore le sol par le détritus de ses feuilles et son enfouissage en terre équivaut à une fumure.

Tous les cultivateurs des terrains salés savent ce que produit un blé sur une prairie retournée ; aussi insistons-nous pour l'enfouissage aussi souvent que possible.

De la culture des plantes industrielles.

La culture des plantes industrielles n'offre pas toujours un revenu assuré à celui qui s'y livre ; car suivant les demandes du commerce, on établit les prix sans s'inquiéter le moins du monde si le cultivateur sera ou non couvert de ses dépenses.

C'est surtout sur le prix des plantes tinctoriales que la variation est plus grande, aussi sommes-nous loin d'en conseiller la culture dans une trop grande proportion. D'ailleurs, en arrivant sur une nouvelle terre, on doit avant tout, songer à produire de quoi vivre et à faire du fumier, et nous ne donnons ici la culture de la garance que comme un moyen de dessalement très efficace.

De la culture de la garance.

On sème la garance en pépinière ou en place. Pour établir une pépinière, il faut choisir le meilleur coin de son terrain, le moins salé et déjà recouvert d'un petit gazon. Vers la fin de l'été, on défonce à 15 ou 20 centimètres au plus de profondeur, et on laisse les mottes, sans les briser, la face contre terre, c'est-à-dire l'herbe en dessous, jusqu'après les gelées. Alors, on ameublit, par deux ou trois cultures, on fume, et le champ se trouve ainsi tout prêt à être ensemencé dans le courant du mois de mars.

Pour cette opération, un homme trace, avec la houe à bras, un petit sillon de la largeur de son outil (20 centimètres environ), et à peine profond de 2 centimètres ; une femme le suit, dépose la graine dans le sillon et puis le tourteau.

Ce premier rayon terminé, l'ouvrier en recommence un autre par le même bout et contre le premier sur lequel il jette la terre provenant du deuxième sillon et ainsi de suite, jusqu'au sept ou huitième. Alors il laisse un intervalle de 25 ou 30 centimètres, et il forme un autre banc de 7 à 8 sillons. Ce travail terminé dans tout le champ, on recouvre les bancs avec du roseau, de la paille, ou mieux encore, du fumier.

Dès que la garance a levé, 4 ou 5 centimètres, il faut sarcler soigneusement et la chausser de 1 ou 2 centimètres de terre que l'on prend dans les intervalles, répéter cette opération chaque fois que l'on aperçoit de mauvaises herbes (deux ou trois fois pendant la première année) et recouvrir entièrement de **3** ou **4** centimètres de terre avant l'hiver. Ce dernier travail se fait avec la bêche ou le luchet, ainsi que les buttages de la deuxième année, pour les garances semées à demeure, car alors les intervalles se trouvent transformés en petit fossés, au fond desquels la houe ne peut atteindre.

Les quantités de semence et d'engrais nécessaires sont de **5** hectog. de graine et de **5** kilog. environ de tourteau par **100** mètres de sillon, soit **90** à **100** kilog. de graine et **1,000** kilog. de tourteaux par hectare.

Lorsqu'on sème pour laisser en place, il faut répandre la graine un peu moins dru et faire les bancs de trois ou quatre rayons seulement, avec des intervalles de **50** ou **60** centimètres; mais il faut employer la même quantité de tourteaux.

Si l'on a ensemencé un hectare de terre en pépinière, il faut songer, dans le courant de l'année même, à en préparer trois autres pour recevoir le plant. Alors on peut s'avancer dans les terres un peu plus salées, et si les travaux sont bien exécutés, on est certain de réussir.

Il faut d'abord creuser un fossé de **30** à **35** centimètres de profondeur et **80** centimètres de largeur à **1** mètre environ du bord du champ, jeter au fond du fossé une couche de bois menu, de mauvaise paille ou de roseaux de **10** ou **12** centimètres d'épaisseur, la recouvrir avec la terre d'un autre fossé de même dimension que l'on ouvre parallèlement à **60** centimètres du premier. On passe ainsi toute la terre, dans le courant de l'année, et l'on a soin d'ouvrir les fossés par leur tête, afin de faciliter l'écoulement des eaux pendant l'hiver.

Lors du repiquage qui doit se faire dès qu'on le

peut, après les gelées, la terre étant parfaitement ameublie, le travailleur ouvre et recouvre avec sa houe le sillons, comme il l'a fait pour la pépinière, pendant qu'une femme y dépose les racines couchées en ayant soin d'en espacer convenablement les têtes où se trouvent les bourgeons.

Les bancs seront alors composés de trois ou quatre sillons seulement, occupant les 80 centimètres du fossé et les intervalles seront de 50 ou 60 centimètres.

La quantité de racines obtenues sur 1 mètre de sillon de la pépinière doit suffire pour replanter 1 mètre 50 centimètres du nouveau champ.

On peut se dispenser de mettre du tourteau sur les racines, mais il faut alors recouvrir les bancs d'une légère couche de fumier et, dans le cas où la terre serait suffisamment fumée, on peut recouvrir avec de la paille ou du roseau seulement.

Les buttages se font ensuite dans le courant de la première année, comme pour la pépinière, il faut tirer deux ou trois traits de petite charrue dans les intervalles avant d'y venir avec la houe.

Dès la deuxième année, les travaux sont peu considérables, jusqu'au moment de l'arrachage (7 octobre), mais alors il y a du travail pour tout le monde. La femme et les enfans ramassent avec soin les racines, tandis que l'homme retourne la terre et la divise jusqu'à 40 ou 50 centimètres, selon la profondeur des racines. On porte, tous les soirs, sur le sol à battre, les racines récoltées dans la journée, pour les nettoyer et les faire sécher. Il faut les mettre en tas pour passer la nuit et les étendre le lendemain. On reconnaît qu'elles sont sèches et bonnes à être livrées au commerce, dès qu'elles cassent en les ployant.

La feuille et la graine de la garance ont aussi leur valeur, et, suivant les prix, on récolte l'une l'année ou l'autre.

Quand on veut récolter la feuille, on doit la faucher lorsque la plante est en fleurs et la préparer comme tout autre fourrage.

Si l'on veut récolter la graine, il fau la laisser mûrir jusqu'à ce qu'elle commence à noircir; alors on la coupe avec la faucille et on l'emporte dans des toiles sur le sol à battre, où elle complètte sa maturité. Quand la graine a durci (4 ou 5 jours suffisent), on la bat et on la nettoie.

Aussitôt après cette récolte, il faut répéter sur le même champ une autre culture de garance ; mais cette fois on recreuse les fossés là où se trouvaient les intervalles, et on peut alors opérer par semis en place, si l'on n'a pas de plant.

Lorsqu'on arrachera cette garance, deux ans plus tard, le champ sera dessalé et propre à produire toutes les plantes.

Du lin, du chanvre, du coton, du tabac.

Le lin, le chanvre, le coton, le tabac, etc., viennent très bien et donnent de grands produits après une garance ; mais on ne doit songer à les cultiver que plus tard, lorsqu'on a suffisamment amélioré son terrain par d'autres cultures, et que l'on a appris à faire du fumier.

Nous donnons seulement à la fin ce petit livre un aperçu des quantités de graines nécessaires pour ensemencer un hectare, et de la nature de terrain qui convient à chaque plante.

Quant à leur culture, défoncez et fumez, dirons-nous, ameublissez et fumez encore, sarclez et binez souvent, voilà tout le secret de l'agriculture.

De la culture de la luzerne.

Dans nos départemens méridionaux, lorsqu'un propriétaire possède un hectare de luzernière pre-mière classe, il compte sur un revenu net de 700 à 800 francs. On comprend, dès-lors, combien il lui est pénible de voir s'approcher le moment où il lui faudra éventrer cette poule aux œufs d'or. Aussi, après 8 ou 10 ans, quoique averti par la di-minution de ses produits, il diffère, diffère encore, et ce n'est qu'à la dernière extrêmité qu'il se décide à défoncer sa luzerne ; mais alors il est trop tard ; il faut, pour remettre son champ en état, le double de travail et de fumier qu'il lui aurait fallu en faisant l'opération en temps opportun.

Si l'on sème une luzerne sur un champ qui vient de porter une garance, elle y viendra belle et donnera de magnifiques produits ; mais, si l'on oublie qu'après 4 ou 5 ans au plus, il faut la rem-placer par une autre culture, on court grand risque de retrouver le sel au premier coup de charrue.

La luzerne étant une plante pivotante, il ne faut jamais essayer de la cultiver avant que la terre n'ait été défoncée et dessalée profondément, car, outre l'inconvénient que nous venons de signaler, lorsque les racines ne peuvent pivoter, elles se di-rigent, en forme de pied de poule, à la surface, et se nuisent entre elles. Il est plus avantageux de cultiver, pendant les premières années d'un dessalement, des plantes annuelles et des racines, qui sont aussi un excellent fourrage.

De la culture des betteraves.

Dès la deuxième culture de garance, on peut semer des betteraves dans les intervalles de ses bancs; pour cela, on fait des petits trous, avec le plantoir, à 25 ou 30 cent. l'un de l'autre; on y met deux ou trois graines, et on recouvre. A défaut de plantoir, on peut faire ce travail avec la main.

Les trous sont faits sur une même ligne et de deux intervalles l'un, de manière à ce que l'autre reste libre pour fournir la terre nécessaire au buttage de la garance.

Une fois semée ou plantée, on sarclera la betterave en même temps que la garance; on la bine deux ou trois fois, et elle donne alors de grands produits. On peut la semer en pépinière, et l'on repique quand les racines ont atteint 2 cent. environ de diamètre. Il faut toujours récolter la betterave avant les gélées, afin de pouvoir mieux la conserver.

La betterave est une excellente nourriture pour les bestiaux pendant la saison d'hiver surtout, où l'on n'a que des fourrages secs à leur donner; crue, elle leur donne du lait; cuite, elle les engraisse.

Toutes les plantes viennent bien sur les terrains argilo-sableux salés, après une ou deux garances; mais ce qui y réusssit le mieux, et que nous conseillerons toujours, c'est le trèfle.

DES TERRAINS SALÉS DE LA DEUXIÈME CLASSE.

Ces terrains, comme nous l'avons déjà dit, formés surtout de boues des étangs et de détritus de toutes sortes, sont ordinairement noirâtres dans l'humidité, et deviennent blanchâtres en séchant ; ils sont plus sableux, mais ils ont toute l'apparence des riches terrains justement renommés des palus de Thor, et il est probable que leur origine est la même. A force de temps et de travail, on peut espérer parvenir à leur communiquer une fertilité analogue à celle que les Provençaux ont su donner à leurs terres.

Ces terrains, plus ou moins sableux, selon que les vents y ont transporté des sables de mer, produisent diverses plantes qui y croissent naturellement. Dans les parties basses, on trouve le scirpe triangulaire ; dans les parties plus élevées, quelques plantes de salicor, du jonc et aussi une graminée rude et grossière que l'on appelle baouca dans le pays.

La culture de ces terrains est facile et peu coûteuse ; mais il faut avant tout donner un moyen d'écoulement aux eaux, qui croupissent à quelques centimètres de la surface, retenues dans les terres par les bords imperméables des étangs. Pour cela, il n'y a qu'à creuser un ou plusieurs canaux aboutissant à l'étang, et, à l'endroit même jusqu'où arrivent les plus hautes eaux, placer une vanne mobile qui se ferme d'elle-même lorsque les eaux de l'étang s'élèvent, et qui s'ouvre pour laisser échapper les eaux intérieures.

Comme nous nous supposons ici sur des terrains

dont le niveau est au-dessus de celui des hautes eaux de l'étang, nous n'avons pas à parler d'une chaussée de ceinture qu'il y aurait à construire dans le cas contraire, ces grands travaux étant, au surplus, du ressort du gouvernement ou de grandes compagnies.

La dimension du fossé d'écoulement que nous proposons, en lui supposant une longueur de 1,000 mètres, sera suffisante à 60 cent. de profondeur, 60 cent. de largeur à l'ouverture, et 20 cent. à la cuvette. Un homme peut aisément en creuser 60 à 70 mètres de longueur par jour ; il jette les terres à droite et à gauche du fossé.

On pourra ensuite cultiver une largeur de 10 mètres environ de chaque côté du fossé; et en prenant le soin de recouvrir la terre après la semence, comme il a été dit pour les autres terrains le dessalement sera très prompt.

De la culture de la pomme de terre.

Quoique encore salés, ces terrains sableux sont très propres à la culture de la pomme de terre ; elle y donne d'abondans produits et de qualité supérieure.

Aux endroits abrités, on peut planter ce tubercule en janvier, pour avoir des primeurs ensuite, pendant tout le printemps et une partie de l'été.

On fait des trous de 20 ou 25 centimètres en tout sens, au fond desquels on met une poignée de gros fumier, qu'on recouvre d'un demi-pouce de terre environ. On place le tubercule au-dessus, on le couvre de 2 à 3 centimètres de terre et puis d'une légère couche de paille ou de roseaux.

Dans les terrains dessalés, on peut faire cette plantation à la charrue, comme pour un semis de fèves ; mais elle exige alors une plus grande quantité d'engrais, et les produits sont moindres.

La quantité de tubercules nécessaire pour planter un hectare varie beaucoup, selon leur grosseur ; il suffira de savoir que l'on peut planter à 50 et jusqu'à 80 centimètres dans tous les sens ; alors, il faut quatre tubercules par mètre carré, ou 40,000 pour un hectare.

Dans quelques localités, lorsqu'on a des tubercules dont la grosseur est double de celle d'un œuf de poule, on le coupe en deux ou trois morceaux ; ailleurs, on préfère choisir les petits tubercules et les planter tout entiers, ce dernier mode est meilleur ; mais il vaut encore mieux planter de gros tubercules sans les couper ; on sera toujours sûr d'augmenter considérablement sa récolte.

De la culture des courges et melons.

Le mode de plantation à trous fumés peut être appliqué avec succès à la culture des courges, melons et autres plantes rampantes dont les racines se nourrissent dans un petit espace, pourvu qu'il soit bien fumé ; car leurs larges feuilles, protégeant la terre contre l'action de l'air et du soleil, concourent puissamment à son dessalement.

Ce mode de plantation et de dessalement pourrait être également pratiqué sur les terrains argilo-sableux de la première classe, en creusant de petits fossés dans lesquels on jetterait une couche de roseaux, puis un peu de terre et enfin du fumier à l'endroit de la graine seulement. Ce serait un moyen d'arriver promptement à faire des cultures sur les terres les plus salées.

Quand on ensemence des courges ou des melons, on met 5 à 6 graines dans le même trou (les trous doivent avoir 30 à 40 centimètres de diamètre), espacées entre elles de manière à pouvoir les enlever séparément avec une petite motte, et on les recouvre légèrement. On fait autour du trou un petit bourrelet de terre, pour abriter le jeune plant, et l'on arrose.

Lorsque les plants ont levé, on continue à les arroser ; on remplace les plants qui ont manqué, et, quand on n'a plus à craindre d'accidents, on arrache les plus chétifs, de manière qu'il ne reste plus qu'une plante dans chaque trou. Quelques arrosages suffisent pendant le cours de la végétation, et, lorsque les plantes ont atteint une certaine longueur et que le fruit est apparent, on les pince (couper le petit bouquet de l'extrémité) pour les arrêter.

On sème, dans le mois de février, les trous à 1 mètre de distance sur le petit fossé, et les fossés à 2 mètres les uns des autres.

On reconnaît que le fruit est mûr lorsqu'en appuyant assez fortement le pouce sur la couronne, elle cède à la pression.

De la culture du sésame.

Originaire d'Egypte et nouvellement importé dans notre pays, le sésame n'y est pas encore acclimaté et y réussit difficilement. Sa plante ne se plaît pas même dans nos bons terrains argilo-sableux d'alluvions, car sa tige délicate ne peut supporter la pression au collet de la croûte qui s'y forme lorsqu'on arrose, et cependant elle craint la sécheresse.

Il faut au sésame une terre substantielle, fraîche et qui ne durcisse pas. Ces qualités étant celles des terrains qui nous occupent en ce moment, c'est là qu'on peut espérer le voir réussir.

On sème le sésame fin avril ou au commencement de mai, avec le semoir ou à la volée; dans ce dernier cas, la quantité de semence pour un hectare est de 40 à 50 litres environ. On doit faire tremper la graine pendant deux ou trois jours, jusqu'à ce qu'elle soit prête à germer avant de la mettre en terre.

Cette plante n'exige qu'un ou deux sarclages pendant sa végétation; mais il faut la surveiller lorsque approche le moment de la maturité (fin août), et couper les plantes qui sont mûres; autrement, les calices qui contiennent la graine éclatent, et c'est autant de perdu pour la récolte. Il vaut mieux récolter de bonne heure, et faire sécher sur le sol; on obtient alors de grands produits.

Parmi les plantes oléagineuses, le sésame est celle qui fournit l'huile la plus agréable au goût et en plus grande quantité. Nous en conseillons la culture comme étant d'un excellent rapport sur les terrains sableux et frais. Ces terrains conviennent surtout aux plantes que l'on cultive pour leurs racines et aux plantes fourragères et autres, à racines pivotantes, telles que la luzerne, le sésame, etc. Nous ne les avons placés à la deuxième classe que parce qu'ils exigent une grande quantité d'engrais; car, une fois dessalés, ils deviennent encore plus productifs que ceux de la première classe.

DES TERRAINS SALÉS DE LA TROISIÈME CLASSE.

Les terrains salés de la troisième classe, formés de sable pur restent arides pendant bien longtemps, à moins que l'on ne puisse, au moyen de grands travaux, y amener des eaux bourbeuses qui en font alors des terrains très productifs. Mais ces travaux étant hors de notre cadre, nous n'examinerons les sables que sous le rapport de leur utilité comme amendement dans les terrains plus ou moins compactes des deux autres classes.

Mélangés dans une certaine proportion avec les terrains argileux de la première classe, ils en augmentent, en peu de temps, la fertilité d'une manière sensible, et leur mélange est souvent préférable aux meilleures fumures.

Nous résumerons ce que nous avons à dire de ces terrains en rapportant ce que nous avons pratiqué nous-même.

Dans un vaste jardin potager nouvellement défriché, en terrain argileux et salé, quelques planches se refusaient à produire malgré les défoncemens et et les fumures qu'on leur prodiguait. Je fis alors, pour essai, défoncer une planche à 50 c. de profondeur, et comme je m'étais aperçu que les sentiers et allées formaient des bourrelets qui retenaient l'eau comme dans un vase, je les fis couper du côté du fosssé d'écoulement à une profondeur de 10 c. au-dessous du défoncement, et je plaçai dans ces coupures une couche de petit bois, à défaut de pierres, pour former des conduits d'écoulement. Je fis ensuite transporter du sable de mer mélangé de coquillages, et je le répandis sur la terre, à raison de **8** mètres cubes par are, et je cultivai à 30 c. de profondeur. Dès lors, cette planche devint la plus fertile du jardin, et la croûte qui se forme toujours après l'arrosage, sur cette nature de terrain, n'y durcit plus au point de nuire à la germination, ni à la végétation.

En faisant cette dépense de suite, on n'a que le prix du transport à ajouter à celui du défrichement, et l'on peut compter sur des produits presque immédiats.

C'est surtout pour l'établissement du jardin que nous conseillons à chaque colon d'employer cet amendement, non-seulement dans les terrains salés, mais encore toutes les fois qu'il est praticable dans les terrains bas, froids et compactes, qui deviendront alors les plus fertiles.

Quoique nous ne voulions examiner les terrains sableux que sous le rapport de leur utilité comme amendement, nous devons dire cependant qu'à la longue, lorsqu'ils sont fixés et recouverts de gazon, ils deviennent productifs. Les plantes tinctoriales y croissent plus riches en principes colorants que sur les terrains argileux; le vin y est de meilleure qualité, et nous y avons obtenu de très beaux et bons produits en pommes de terre et en topinambours.

Cette dernière plante, précieuse pour l'alimentation des porcs et des vaches, a la propriété de se conserver en terre, pendant les hivers les plus rudes, sans se gâter. Elle se plante et se récolte comme la pomme de terre ; ses tiges s'élèvent jusqu'à deux et trois mètres de hauteur et sont excellentes pour le remplissage des fossés lors d'une plantation dans les terrains compactes.

Quoique chaque année on arrache les topinambours, il reste toujours en terre un nombre plus que suffisant de petits tubercules qui donnent naissance à autant de plantes l'année suivante, et l'on a toujours besoin de sarcler, lorsqu'arrive le printemps, pour les éclaircir.

DE LA PRÉPARATION DES FOURRAGES.

La manière de préparer les fourrages dont parle
M. Mathieu de Dombasle dans ses écrits, après l'a-
voir pratiqué lui-même a été, jusqu'ici peu usitée
dans le midi de la France, et c'est là pourtant, dans
les terrains salés surtout, qu'elle serait le plus utile.

Si les fourrages récoltés sur les terrains salés sont
ordinairement blanchâtres et durs, c'est par suite
de la négligence que l'on apporte dans leur préparation. Une fois coupés, on les laisse souvent pendant trois à quatre jours étendus sur la prairie,
passant alternativement d'une nuit humide à une
chaleur tropicale ; et lorsqu'ils sont très secs,
qu'ils ont perdu leur odeur et leur saveur, on les
enferme. Est-il surprenant que la vente en soit difficile et que les officiers de cavalerie n'en veuillent
pas pour leurs chevaux ?

Voici le mode de préparation que nous avons
employé, et qui a fait accepter d'un officier de cavalerie très pointilleux le fourrage que nous lui
avons offert.

Au lieu d'attendre la maturité complète, faire
faucher pendant que les plantes ont encore toute
leur verdeur ; ce que l'on perd, si toutefois on perd,
en fauchant la première coupe de bonne heure, se
retrouve à la deuxième. Trois ou quatre heures
après avoir fauché on vient avec la fourche, et de dix
petits andains on en forme un seul auquel on donne la
forme d'un toît très incliné pour passer ainsi la nuit.
Si le lendemain la journée est très belle, étendre les
gros andains, tourner et retourner trois ou quatre

fois dans la journée, empiler le soir pour passer la nuit et renfermer le lendemain. Si la journée n'est pas très belle, au lieu d'étendre les gros andains, on pourra les empiler et les laisser en tas pendant plusieurs jours sans avoir à craindre la moindre perte. Deux ou trois heures de soleil suffisent pour préparer un fourrage ainsi entassé depuis trois ou quatre jours et plus encore.

Lors d'une série assez longue de pluies, il nous est arrivé de laisser du foin en pile pendant quinze jours sans qu'il se soit gâté; nous avions eu seulement le soin de faire entr'ouvrir les tas tous les deux ou trois jours. Nous en fîmes ainsi préparer et enfermer environ 200,000 kilogr. dans deux vastes greniers. Quinze jours après, les foins commencèrent à se chauffer; mais plein de confiance en ce que disait M. de Dombasle, nous laissâmes tranquillement la vapeur se condenser à la partie supérieure, et le foin se conserva, pendant toute l'année, souple, parfumé et très goûté des animaux.

DES INSTRUMENS D'AGRICULTURE.

Les instrumens dont on se sert pour défricher et cultiver les terres sont de deux sortes : les uns sont conduits à bras d'hommes, les autres traînés par des animaux. Entre ces deux modes de défrichement et de culture, il ne faudrait pas hésiter à choisir le dernier si le perfectionnement des instrumens traînés avait acquis tout son développement.

De la charrue et du rouleau.

Les charrues connues jusqu'ici s'avancent lentement et sans secousses, retournent les mottes, mais ne les divisent pas. L'énorme rouleau qui vient ensuite écrase celles de la surface seulement, mais ne les mélange pas, tandis qu'avec la pioche ou la bêche l'ouvrier n'avance d'un pas qu'après avoir parfaitement ameubli et mélangé la couche arable dans toute son épaisseur. C'est ce qui fait la différence des produits de la petite culture sur la grande; ils sont en rapport avec l'espace que les racines peuvent parcourir, et l'espace occupé par des mottes dures et imperméables est perdu pour la végétation.

Malgré cette supériorité incontestable des produits de la culture à bras, nous ne conseillerons jamais à un colon d'entreprendre, seul, un défrichement, ne fût-il que d'un hectare, car c'est un travail qu'il faut pouvoir terminer vite, autrement il coûterait plus du double avant de produire. Il vaut mieux se réunir et s'aider réciproquement, afin de pouvoir ensemencer ou planter au fur et à mesure du défrichement. Une autre raison tout aussi importante, c'est que ce travail exécuté à bras étant le plus long et le plus monotone de l'agriculture on risque, quand on est seul, de se décourager bien avant de l'avoir achevé.

Des outils à bras.

Parmi les nombreux outils à bras que l'on emploie dans diverses localités, on retrouve toujours les deux types d'où dérivent tous les autres : 1° la pioche que l'on enfonce en frappant; 2° la bêche que l'on enfonce par la pression.

Les pioches à une, deux ou trois branches servent particulièrement pour les terrains plus ou moins pierreux et durs; les bêches, pelles, fourches et luchets pour les autres terrains.

De la pioche.

Le pic ou pioche à une branche ne s'emploie que pour défoncer une ancienne route, arracher des rochers ou déraciner des broussailles; il a une extrémité pointue, l'autre tranchante et large de 6 ou 8 c. Son manche doit être plus fort que celui des autres pioches.

La pioche à deux branches est le meilleur outil pour défricher les terrains durs et quelque peu pierreux; elle est emmanchée solidement avec un manche d'un mètre environ de longueur.

Enfin la pioche à trois branches sert dans les mêmes terrains après que les pluies d'hiver les ont ramollis. Cet outil s'emploie surtout pour la culture de la vigne et pour défoncer, après une récolte.

Dans les terrains non pierreux, le luchet par la

solidité de sa construction, est, parmi les bêches, l'outil qui peut servir le mieux à cultiver les plus durs; il est en bois, garni de fer; les Provençaux ne se servent que de cet outil pour les cultures profondes, les recreusemens de fossés, etc.

De la houe.

Viennent ensuite les houes de toutes les formes pour les cultures ameublissantes. Les unes ont le manche très incliné, les autres moins, suivant l'usage de la localité, la force et la souplesse des reins de l'ouvrier; l'essentiel pour cet outil est d'être léger, afin que l'ouvrier tout en allant vite, le gouverne bien et ne frappe pas sur la plante au lieu de frapper à côté.

Il y a des houes à une, deux et trois branches; elles servent pour les binages de la vigne et des plantes sarclées, pour la plantation de la garance et au jardin.

De la bêche.

La forme des bêches varie dans chaque localité, mais celle que nous croyons la meilleure est la bêche flamande employée aussi à Narbonne. Arrondie à sa partie tranchante, elle pénètre avec moins d'efforts dans la terre, et elle est la plus légère, son manche est plus long que celui du luchet; l'ouvrier l'enfonce, la main appuyée contre le téton, tandis que pour le maniement du luchet il appuie la main sur le haut de la cuisse, en avant de la hanche, position qui nécessité de plus grands mouvemens du corps.

Nous avons vu travailler ensemble des lucheteurs

et des bêcheurs dans une entreprise où chacun était à la tâche, les forts lucheteurs seuls pouvaient arriver à recreuser dans leur journée 22 à 25 mètres cubes de fossé, comme le faisaient la plupart des bêcheurs.

La bonté, la légèreté de la bêche flamande la rendent préférable à toute autre, surtout dans les terrains où se trouvent des racines ; car chaque ouvrier a sa lime avec laquelle il aiguise le tranchant plusieurs fois dans la journée, de manière que l'outil pénètre toujours dans la terre sans efforts.

Du perce-croûte.

Le perce-croûte, petit rouleau de 50 ou 60 c. de long et de 4 ou 5 c. de diamètre est armé de petites pointes de fer de 5 ou 6 c. de long, et fixé par son axe qui le traverse dans la longeur à deux petits bras de fer qui se rejoignent d'un côté, et forment une douille pourrecevoir un manche d'une longueur de deux mètres environ.

Cet outil, peu connu dans la plupart des localités, est précieux pour rompre la croûte qui se forme toujours après la pluie, dans les terrains argileux.

Après ces outils dont nous recommandons l'emploi, viennent ceux dont on se sert pour faire les récoltes, ils sont à peu près les mêmes partout et ne diffèrent que dans leur montage.

De la faulx.

Dans certaines localités, la faulx est emmanchée de manière que l'ouvrier se tient presque droit, en

travaillant ; ailleurs, au contraire, il se tient très
courbé. Le métier de faucheur est plus rude, dans
ce dernier cas, mais pour quelques jours seulement, le temps de faire l'apprentissage ; l'ouvrier
fait ensuite le double de besogne et beaucoup
mieux ; il rase l'herbe plus près de terre.

Des instrumens de transport.

Les instrumens qui servent aux transports dans
la grande culture sont les chars et charrettes de
différentes dimensions.

Ces instrumens étant d'un prix trop élevé pour
le petit cultivateur, nous allons indiquer un excellent moyen de transport employé à Narbonne et
préférable à tout autre, sous tous les rapports.

Les bois, la terre, le fumier, le fourrage, la pierre, tout est transporté à dos d'âne et très rapidement ; la terre et le fumier dans de mauvaises toiles
nouées aux deux extrémités et placées sur le dos des
ânes qui n'ont pas d'autre harnais ; les fourrages
qui ont un plus grand volume sont enveloppés dans
des filets. Quant au transport de pierres et autres
matériaux durs, on se contente de placer sur le dos
des porteurs un sac rempli de paille sur lequel passent
les cordes qui soutiennent les paniers. Un propriétaire
a appliqué avec avantage ce mode de transport à
la récolte de la vigne, il s'est servi de cornues ou
de toiles imperméables.

A l'époque de la fenaison, un conducteur et vingt
ânes font douze voyages de fourrage par jour à
1,500 mètres de distance, ils portent **2,000 kilog.**
à chaque voyage, soit **24.000** kilog. par jour. Ils
coûtent **12 fr.**

Un charretier avec un attelage de trois bêtes devra avoir le double de monde pour le servir et fera à grand'peine, à la même distance, quatre voyages de 2,000 kilog., soit 8,000 dans la journée, c'est-à-dire les deux tiers de moins que les ânes, et il coûte tout autant.

Outre la grande économie qui résulte de ce moyen de transport, il en est une autre non moins importante, c'est d'éviter l'établissement de passages sur les terres, de petits ponts qui ne sont nécessaires que pour les charrettes et l'on n'a plus à redouter les accidens si fréquens de charrettes embourbées. Les récoltes peuvent être enfermées très promptement malgré le mauvais état des chemins. Tous les cultivateurs savent combien cela est important.

DES BESTIAUX.

Sans bétail, point d'agriculture, car sans lui point de fumier. Mais avant de s'occuper de l'achat de son bétail, il faut consulter la localité et ses ressources pour l'avenir. Les bœufs, les chevaux, les mules coûtent fort cher, et il faut les attendre trop longtemps; leur élève ne peut être avantageux que lorsqu'on le fait sur une grande échelle ou sur des terrains en plein rapport. Les moutons exigent des soins tout particuliers dans les terrains marécageux, et encore arrive-t-il trop souvent qu'ils se gâtent si on les amène trop matin au pacage, avant que la rosée soit dissipée.

L'âne, le porc, la chèvre, les lapins et la volaille réussissent beaucoup mieux, font attendre moins longtemps leurs produits; ils conviennent mieux à la petite culture.

De l'âne.

L'âne est employé au transport à dos de toutes les denrées, et il est en outre une monture agréable; se nourrissant de tout, roseaux, joncs, sarmens de vigne, feuilles de choux, de salade, de vigne et de toutes les herbes grossières que l'on trouve sur le bord des chemins; il produit plus en fumier qu'il ne dépense pour sa nourriture. A deux ans, on peut déjà le faire travailler, et pour peu qu'on le nourrisse bien, on peut lui demander jusqu'à douze et quatorze heures de travail par jour. Nous en avons employé un dès l'âge de deux ans et demi à tourner une noria qui élevait environ 6 mètres cubes d'eau par heure à une hauteur de 5 mètres. Il nous est souvent arrivé, avec ce petit âne (1 mètre), attelé à une carriole montée de cinq personnes, de faire en une heure le parcours de Castries à Montpellier (12 kilomètres).

L'âne est un animal d'une utilité de tous les instans pour le petit cultivateur, c'est par lui qu'on doit commencer l'achat de son bétail. Les petits sont généralement les meilleurs en même temps que les plus faciles à charger et à décharger.

Du porc.

Le porc et l'âne ont une certaine similitude au point de vue du peu de soins qu'on leur accorde, malgré leur utilité incontestable; à celui-ci, parce qu'il est très sobre, on refuse souvent la nourriture, et parce que l'autre aime à se vautrer de temps en temps, on le laisse croupir dans une loge infecte. Le porc aime cependant la propreté autant que tout autre animal; il n'en est pas un, qui goûte le repos sur une litière fraîche, avec plus de délices, et lequel, plus que lui, témoigne son bonheur quand on l'étrille! Le porc mange toutes les racines cultivées, la plupart des plantes que l'on trouve dans les champs, les eaux grasses provenant du ménage, les viandes gâtées, etc. Mais pour que tout cela lui soit profitable, il faut lui en faire des soupes saupoudrées d'une poignée de farine d'orge, de millet ou de tourteaux de graines oléagineuses.

Si l'on veut élever des porcs, il vaut mieux se procurer des femelles de la race de Mayorque; elle est la meilleure, se nourrissant et s'engraissant facilement. Les mères sont très bonnes nourrices et moins sujettes que les autres à dévorer leurs petits dès qu'ils sont nés; il ne faut pas moins les surveiller lorsqu'elles sont prêtes à mettre bas et leur donner fréquemment à boire tiède dans leur dernier temps. Elles portent pendant cent dix à cent quinze jours et donnent en moyenne sept à huit petits à chaque ventrée. Dix ou quinze jours après la mise bas, on peut les faire couvrir de nouveau.

Les petits peuvent être sevrés et vendus après 25 ou 30 jours; on les nourrit avec un peu de farine délayée dans l'eau tiède, des soupes de feuilles de choux, de salade, du trèfle, et enfin un peu de tout.

, Le porc demande à être tenu très proprement; il faut rafraîchir souvent sa litière, et le conduire à l'eau une ou deux fois par jour pendant les grandes chaleurs.

De la chèvre.

La chèvre est encore un animal de grande utilité pour le petit cultivateur qui ne peut avoir une vache; elle lui donne du lait en quantité suffisante pour les besoins du ménage et elle n'exige pas une grande dépense d'entretien.

La chèvre aime à être tenue proprement et à sec sur des pierres ou des rochers. Lorsqu'on n'en a qu'une, et c'est assez, on peut disposer pour elle, dans un coin de l'écurie de l'âne, un petit plan de 2 mètres environ de superficie à 88 c. ou un mètre environ au-dessus du niveau du sol avec un petit ratelier. On nourrit la chèvre de toute espèce de feuilles d'arbres et de vigne et de toutes herbes qu'elle trouve dans les champs; elle trouve à brouter partout et lorsqu'on la laisse dehors il faut toujours qu'elle soit attachée loin des arbres, car elle est très friande des jeunes pousses et elle a la dent cruelle. La chèvre ronge très volontiers l'écorce des branches que l'on coupe hors de la taille des arbres. On la fait boire deux fois par jour.

Pour attacher la chèvre, de même que l'âne, au pacage, on fixe solidement par ses deux extrémités, au moyen de piquets, une corde de 15 à 20 mètres de longueur, bien tendue, et on attache l'animal par sa longe à cette corde au moyen d'un anneau qui glisse d'un bout à l'autre de la corde.

On accouple la chèvre avec le bouc vers le mois de novembre, de manière que les chevreaux arrivent au moment où l'herbe commence à croître; quelques jours avant la mise bas et quelques jours après, on la fait boire tiède et on la soigne un peu mieux, car elle a souvent le part laborieux.

On nourrit les chevreaux avec le lait de la mère pendant un mois environ à six semaines et, comme ils sont gras, on les vend pour la boucherie.

Si l'on veut les conserver, il ne faut pas les laisser téter la mère et les habituer de bonne heure à boire au baquet en leur trempant le bout des lèvres dans le lait et, leur plaçant alors le doigt dans la bouche. Une fois accoutumés, on leur mélange du petit son ou de la farine dans du lait étendu d'eau, et on augmente progressivement la dose de manière à pouvoir jouir de tout le lait le plus tôt possible sans nuire au développement du chevreau.

Pour éviter les tracas de la gestation et du part, l'interruption du lait pendant les derniers temps, et des courses souvent fort longues pour conduire la chèvre au bouc, on peut obtenir du lait de la chèvre sans la faire couvrir; pour cela, dès l'âge de 18 à 20 mois il faut la traire deux fois par jour, le matin et le soir. On n'obtient d'abord qu'une liqueur roussâtre et épaisse; mais bientot elle arrive plus claire, et, avant un ou deux mois au plus, l'on obtient du lait dont la quantité augmente progressivement. Il est bon, pendant le mois où l'on appelle ainsi le lait, d'augmenter la nourriture de la chèvre et de lui donner des racines, telles que carottes, betteraves, etc.

Les meilleures chèvres sont de grande taille, larges de derrière, poil doux et uni, mamelles grosses et longues; elles vivent 7 à 8 huit ans; dès la sixième ou septième année, il faut tâcher de les engraisser et de les vendre ce que l'on peut.

Des lapins.

Pour que l'élève du lapin soit avantageux, il faut mettre le mâle avec les femelles de manière à faire arriver les petits à la fin de l'hiver, alors que l'herbe pousse partout. On laisse multiplier pendant tout l'été, et on ne garde pour passer l'hiver que les femelles reconnues bonnes et un ou deux mâles.

Le lapin multiplie beaucoup; les femelles donnent jusqu'à dix ou douze petits par mois; il faut les tenir dans un lieu sec et les préserver des rats.

De la volaille.

La volaille bien soignée donne d'assez grands

produits ; au lieu de la laisser courir dans la campagne, où elle fait souvent des dégâts considérables, il faut l'enfermer dans un treillage ou dans une cour, où on la nourrit avec des soupes d'herbes hachées, mélangées d'un peu de son et de tous les grains grossiers, rebut des récoltes. On leur en donne un repas le matin et le soir.

La dinde, la poule, le pigeon, et l'oie et le canard, quand on a de l'eau à volonté, sont les volatiles les plus faciles à élever ; leur logement doit être tenu toujours proprement, et de temps en temps parfumé avec du thym, de la lavande ou du genièvre. On ne doit jamais les laisser manquer d'eau et renouveler la paille des nids tous les mois au moins.

LOGEMENT DU MENU BÉTAIL.

Chacun peut l'établir soi-même, dans sa basse-cour ou contre sa maison d'habitation, de manière qu'il y ait toujours une façade exposée au midi ; les côtés de l'est et de l'ouest sont ceux qu'il est préférable d'adosser, et l'on place alors les portes d'entrée et l'échelle pour les poules sur la façade opposée qui reste libre.

La hauteur totale des loges superposées peut varier de 5 à 6 mètres, y compris la pente très inclinée du toit.

Pour les construire, il faut assembler quatre perches (A) de 6 à 7 mètres de longueur, au moyen de traverses que l'on fixe avec des clous à l'endroit où seront les planchers (B). On dresse ensuite sur quatre trous (C) profonds de 80 cent. à 1 mètre, dans lesquels on établit solidement les quatre colonnes.

Le pourtour de la loge du porc doit être garnie de planches ou de piquets jusqu'à une hauteur de 80 centimètres, afin que l'animal ne puisse dévorer le chaume. On fait la même opération au premier étage pour les lapins, de manière que les petits ne puissent passer à travers. On recouvre ensuite le tout avec du roseau ou de la paille, que l'on attache par poignées les unes contre les autres sur des traverses en fil de fer, en commençant par le bas.

Du côté du nord, on laisse des trous (D) ronds, qui restent ouverts pendant l'été, et que l'on

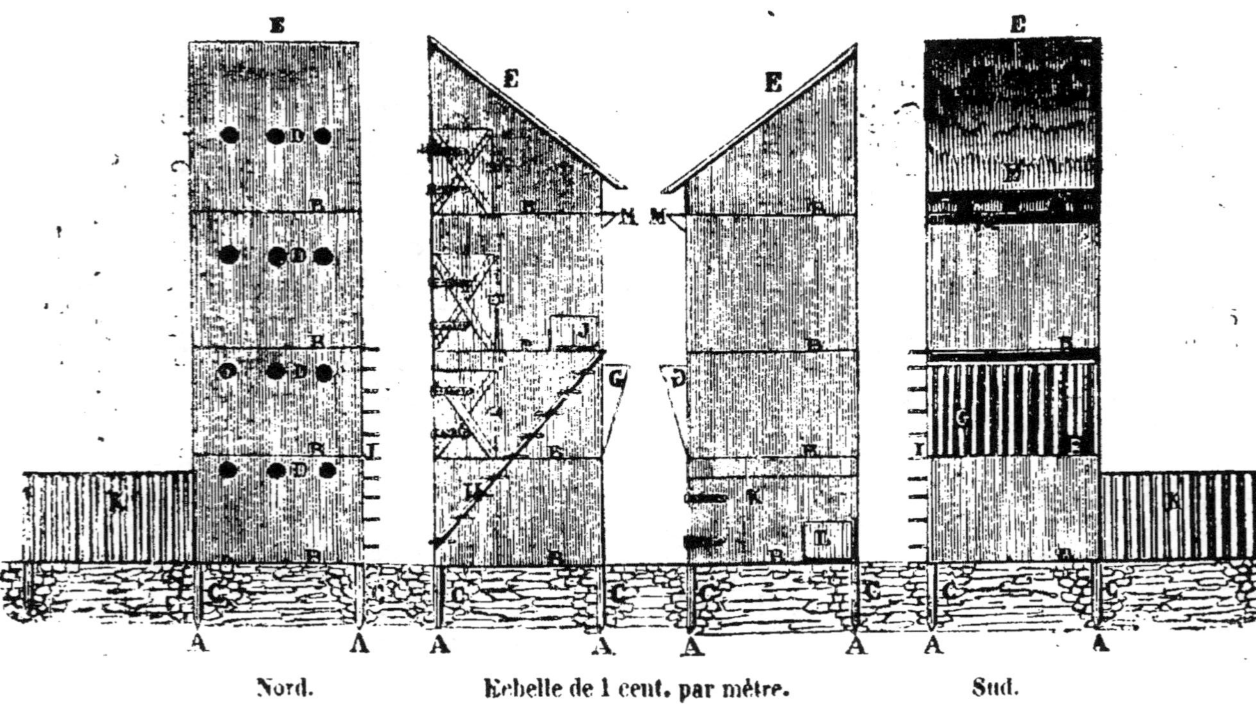

Plan de loges pour cochons, lapins, volaille et pigeons, dont le prix de construction, à la portée de tous les cultivateurs et colons, résume les questions de salubrité et de commodité pour le service.

ferme avec une poignée de foin lorsque le froid arrive.

Le toit (E), comme toutes les couvertures en chaume, doit être très incliné et déborder de 40 à 50 centimètres pour abriter les pigeons, qui aiment à se tenir sur le seuil de leur trou (F) pendant la pluie.

La façade du sud, pour les lapins, doit être formée d'un treillage, afin de leur donner de l'air et surtout du soleil. Ce treillage (G) en fil de fer ou en bois dur doit être incliné en avant, de manière qu'on puisse jeter l'herbe dans la loge sans l'ouvrir chaque fois. Le pourtour intérieur de la loge aux lapins doit être garni de caisses remplies de foin, ayant seulement des trous ronds en avant pour servir de gîte aux femelles principalement.

Sur un des côtés, on établit une échelle (H) pour la volaille, au moyen de chevilles (I) fixées sur une traverse que l'on place verticalement depuis l'entrée (J) jusqu'au sol. Si cette échelle devait servir pour des canards, il faudrait la remplacer par une planche plus longue et plus inclinée.

En avant des trous d'entrée de la volaille et des pigeons, on établit une planche (M) de 20 centimètres de largeur, formant le seuil. Les portes d'entrée, par lesquelles on pénètre dans chaque loge supérieure au moyen d'une échelle, sont placées du côté de l'est ou de l'ouest, suivant que l'une ou l'autre de ces façades est adossée au mur.

La petite basse-cour (K) en avant de la loge des porcs doit être de préférence du côté du soleil levant, et formée de planches ou de piquets d'une hauteur d'un mètre hors de terre. C'est dans cette petite cour que l'on donne à manger aux porcs. La porte de communication (L) de la cour à la loge peur rester ouverte, même pendant l'hiver, à moins qu'à cette époque il ne se trouve une femelle prête à mettre bas.

Les dimensions du modèle sont de 2 m. 25 c. de chaque côté et suffisent pour loger convenablement une truie et ses petits, ou trois cochons adultes, six femelles de lapins et un mâle, quarante ou cinquante têtes de volailles (les couveuses doivent être à part) et vingt-cinq paires de pigeons.

Enfin, on établit sur la façade du sud une clôture en pierres ou en roseaux de 8 ou 10 m. de côté et haute de 2 ou 3 m. pour contenir la volaille, et on plante quatre ou cinq figuiers dans cette petite basse-cour.

Outre la facilité avec laquelle on peut construire ces loges, le chaume a l'avantage de les maintenir fraîches en été et chaudes en hiver. Pendant les grandes chaleurs, on place un rideau de paille en avant de la grille des lapins, et on le retire vers la nuit.

TABLEAU DES PLANTES A CULTIVER SUR DIVERS TERRAINS

NUMÉROS.	NOMS DES PLANTES.	QUANTITÉ de semence nécessaire pour 1 hectare.	DISTANCE entre les lignes.	DISTANCE entre les plants.	PROFONDEUR à laquelle on doit enfouir la semence.	OBSERVATIONS.
	SUR TERRES				**ARGILEUSES.**	
1	Froment.	200 lit.	20 c.	» c.	4 à 5 cent.	En général, on sème encore le froment et l'avoine à la volée; il faut alors plus de semence.
2	Avoine.	200 »	20	»	4 à 5 »	
3	Riz.	110 kil.	à la volée.		» » »	On met 10 cent. d'eau dans le champ, et ou sème.
4	Fèves.	2 par trou.	50	20	8 10 »	Voir page 51.
5	Pois.	200 lit.	20	»	6 8 »	Ces plantes se cultivent ordinairement pour fourrages; quelquefois on laisse grainer pour la volaille, ou bien on enfouit. Voir page 52.
6	Gesces.	200 »	20	»	6 8 »	
7	Vesces.	200 »	20	»	6 8 »	
8	Trèfle.	15 kil.	à la volée.		1 2 »	On cultive ces plantes pour fourrages; le trèfle et le lotier, qui est une espèce de trèfle, peuvent se semer ensemble; les choux et le rutabagas se sèment en pépinière, et on repique; mais la chicorée sauvage ne se repique pas ordinairement.
9	Lotier.	15 »	à la volée.		1 2 »	
10	Choux.	4 »	30	30	1 »	
11	Rutabagas.	4 »	30	30	1 »	
12	Chicorée sauvage.	10 »	à la volée.		2 »	

NUMÉROS.	NOMS DES PLANTES.	QUANTITÉ de semence nécessaire pour 1 hectare.	DISTANCE entre les lignes.	DISTANCE entre les plants.	PROFONDEUR à laquelle on doit enfouir la semence.	OBSERVATIONS.
13	Colza.	8 lit.	à la volée.		1 cent.	Plantes industrielles.—Les graines de colza et de soleil servent à faire de l'huile ; celte de soleil est très bonne pour les canards. Pour ces deux plantes comme pour les quatre autres, il faut que la terre soit bien ameublie et bien fumée avant de semer.
14	Soleil.	2 ou 3 par trou.	70 c.	70 c.	7 8 »	
15	Chanvre.	250 lit.	à la volée.		3 4 »	
16	Lin.	200 »	à la volée.		3 4 »	
17	Coton.	40 »	1 mèt.	1 mèt.	3 4 »	
18	Tabac.	Pépinière.	80 c.	80 c.	3 4 »	

SUR TERRE SILICEUSE CALCAIRE, SÈCHE EN ÉTÉ.

NUMÉROS.	NOMS DES PLANTES.	QUANTITÉ de semence nécessaire pour 1 hectare.	DISTANCE entre les lignes.	DISTANCE entre les plants.	PROFONDEUR à laquelle on doit enfouir la semence.	OBSERVATIONS.
19	Seigle.	180 lit.	20 c.	» c.	4 5 cent.	Si l'on sème à la volée, il faut plus de semence. Le seigle, l'orge, l'épautre se donnent en vert aux bestiaux ; mais on les cultive plus souvent pour la graine ; la spergule presque toujours pour le fourrage.
20	Orge.	200 »	20	»	4 5 »	
21	Epautre.	180 «	20	»	4 5 »	
22	Spergule.	12 kil.	à la volée.		» » »	
23	Haricots.	100 lit.	20 c.	20 c.	5 6 »	On plante les haricots par trous à distance.
24	Lentilles.	150 »	25	»	3 4 »	On cultive ces plantes pour leur graine, pour fourrage ou pour enfouir, et on les sème avec le semoir ou à la volée.
25	Pois chiches.	200 »	25	»	4 5 »	
26	Sarrasin.	300 »	à la volée.		5 6 »	
27	Ers.	200 »	25	»	3 4 »	
28	Lupin.	200 »	25	»	3 4 »	
29	Sainfoin.	450 »	à la volée.		4 5 »	Ces plantes sont essentiellement cultivées pour fourrage (Voir pour leur préparation page 68), et viennent bien dans les terrains pierreux ; on les cultive séparément ou mélangées.
30	Melilot.	20 kil.	à la volée.		2 3 »	
31	Fenugrec.	15 »	à la volée.		» » »	
32	Lupuline.	15 »	à la volée.		» » »	

NUMÉROS.	NOMS DES PLANTES.	QUANTITÉ de semence nécessaire pour 1 hectare.	DISTANCE entre les lignes.	DISTANCE entre les plants.	PROFONDEUR à laquelle on doit enfouir la semence.		OBSERVATIONS.
33	Raves.	4 kil.	à la volée.		1	2 cent.	On cultive ces plantes pour leurs racines; elles sont d'une grande utilité pour le ménage et le bétail; elles peuvent être transportées pour la vente, et réussissent dans les plus mauvais terrains.
34	Navets.	4 »	à la volée.		1	2 »	
35	Topinambours.	600 lit.	30 c.	30 c.	4	5 »	
36	Patates.	1 par trou.	60	30	»	» »	
37	Navette.	8 lit.	à la volée.		1	2 »	Plantes industrielles. — Les graines de navette et de cameline fournissent de l'huile; les feuilles de la gaude, de la teinture jaune, et l'épi de la cardère des peignes pour les draps. Cette dernière plante reste dix-huit mois en terre.
38	Cameline.	8 »	à la volée.		1	2 »	
39	Gaude.	8 kil.	à la volée.		2	3 »	
40	Cardère à foulon.	30 lit.	30 c.	30	2	3 »	
41	Flouve odorante.	Comme on veut.	à la volée.		2	3 »	Toutes ces plantes sont fourragères. On mélange leur graine dans diverses proportions, et on les sème ensemble pour former les prairies; mais leur culture n'est avantageuse que lorsqu'on a de l'eau pour arroser; il vaut mieux semer d'autres fourrages, tels que sainfoin, melilot, etc., et surtout de la luzerne si le sous-sol est frais et profond.
42	Houque laineuse.	»	»	»	»	» »	
43	Dactyle pelotomé.	»	»	»	»	» »	
44	Avoine puqescente.	»	»	»	»	» »	
45	— jaunâtre.	»	»	»	»	à »	
46	— des prés.	»	»	»	»	» »	
47	Fétuque ovine.	»	»	»	»	» »	
48	Paturins.	»	»	»	»	» »	

SUR TERRES SABLEUSES.

NUMÉROS.	NOMS DES PLANTES.	QUANTITÉ de semence nécessaire pour 1 hectare.	DISTANCE entre les lignes.	DISTANCE entre les plants.	PROFONDEUR à laquelle on doit enfouir la semence.		OBSERVATIONS.
49	Escourgeon.	200 lit.	80 c.	» c.	4	5 cent.	On cultive ces plantes pour le grain ou pour donner en vert au bétail. Pendant le printemps et une partie de l'été on peut semer du maïs à la volée tous les 15 jours, et avoir constamment du fourrage vert.
50	Maïs.	3 par trou.	50	20	4	5 »	
51	Millet.	10 lit.	30	20	3	4 »	
52	Sorgho.	3 par trou.	50	20	»	» »	

NUMÉROS.	NOMS DES PLANTES.	QUANTITÉ de semence nécessaire pour 1 hectare.	DISTANCE		PROFONDEUR à laquelle ou doit enfouir la semence.		OBSERVATIONS.
			entre les lignes.	entre les plants.			
53	Panis.	10 lit.	à la volée.		2	3 »	Fourrages de peu d'importance quand d'autres peuvent réussir.
54	Alpiste.	10 »	à la volée.		2	3 »	
55	Luzerne.	20 kil.	à la volée.		2	3 »	Voir page 58.
56	Pommes de terre.	1 par trou.	66 c.	30 c.	4	5 »	Plantes cultivées pour les racines, et qui sont d'une grande utilité. (Voir pour la betterave page 59, et pour la pomme de terre page 61.) On sème les carottes et les panais à la volée.
57	Betteraves.	2 kil.	40	20	2	3 »	
58	Carottes.	5 »	40	»	2	3 »	
59	Panais.	5 »	40	»	1	2 »	
60	Garance.	100 »	40	»	2	3 »	Plantes industrielles. — (Voir pour la garance page 54.) La feuille de pastel, l'indigotier servent pour teindre en bleu ; le safran, le houblon, la réglisse, la moutarde ont chacune leur spécialité dans le commerce. L'arrachide sert pour l'huile essentielle de ce nom. Le pavot et la sésame donnent des graines d'où l'on extrait une très bonne huile, et leurs tourteaux mis en poudre forment un excellent engrais, ceux de sésame principalement.
61	Indigotier.	6 par trou.	40	30	3	4 »	
62	Pastel.	20 kil.	40	10	3	4 »	
63	Safran.	1 par trou	20	10	4	5 »	
64	Houblon.	1 bouture.	1 m. 25	1 m. 25	2	3 »	
65	Reglisse.	1 par trou.	80 c.	80 c.	4	5 »	
66	Moutarde.	8 lit.	20	»	1	2 »	
67	Arrachide (pistache de terre).	1 par trou.	40	20	4	5 »	
68	Pavots.	3 kil.	à la volée.			1 »	
69	Sesame.	30 »	50 c.	» c.	3	4 »	

TERRES FRANCHES.

Si les cultivateurs, au lieu de leur préoccupation constante à rechercher l'agrandissement de leurs domaines, s'occupaient davantage des moyens de communiquer à leurs terres la fertilité des terres franches, toutes les plantes y croîtraient belles, vigoureuses, et l'on verrait avant peu augmenter considérablement les produits de la France.

Cultures profondes et ameublissantes, fumures, canaux d'irrigation et d'assèchement, rien ne devrait être négligé

pour atteindre ce grand but ; mais chacun ne le peut en agissant isolément. A l'œuvre donc ; organisons des bataillons agricoles mobiles, c'est le moyen d'éviter les chômages et le manque de bras à d'autres époques pour la grande exploitation ; c'est par l'organisation de ces bataillons que nous parviendrons à reboiser nos montagnes et à remplacer nos marais insalubres et nos plaines stériles par des jardins et des prairies.

TABLEAU DES PLANTES A CULTIVER DANS LE JARDIN.

ÉPOQUE DES SEMENCES.

Légumes divers.

NOM DES PLANTES.	ÉPOQUE DES SEMENCES.
Artichauds,	Printemps, automne.
Asperges,	Printemps.
Aubergines,	Février, sous couche, pour repiquer en avril.
Bette ou poirée,	Mai, juin, juillet, août.
Cardons,	Avril, mai.
Choux,	Printemps et automne, pour repiquer ensuite.
Champignons,	Hiver, dans les caves.
Concombres (cornichons),	Avril, mai, juin.
Courges,	Février, mars, à l'abri.
Haricots,	Janvier, février, mars et tout l'été.
Pois,	Printemps, de bonne heure.

Salades.

NOM DES PLANTES.	ÉPOQUE DES SEMENCES.
Céleri,	Janvier, juin, pour repiquer ensuite.
Laitues,	Janvier, février, pour repiquer.
Laitues pommées,	Printemps et août.
Chicorée,	Janvier, février, mars.
Poivron,	Janvier, février, sous couche, pour repiquer.
Valériane d'Alger,	Printemps, été.

Fournitures de salades et assaisonnements.

NOM DES PLANTES.	ÉPOQUE DES SEMENCES.
Basilic,	Mars.
Bourrache,	Printemps, automne.
Capucine,	Février, mars.
Cerfeuil,	Depuis mars à septembre.
Corne de cerf.	Printemps, été.
Ciboule,	Février, mars, avril.
Dent de lion,	Printemps, jusqu'en septembre.
Estragon,	Avril, mai.
Fenouil,	Mars.
Persil,	Depuis février jusqu'en août.
Pimprenelle.	Automne.
Sariette,	Printemps, jusqu'en septembre.
Scolyme,	De février à septembre.
Trique-madame,	Printemps.

Légumes cultivés pour leurs racines.

Ail,	Février, mars, pour répiquer.
Betteraves,	Mars, avril, mai, pour repiquer.
Carottes,	Février, mars, avril, mai, et juin.
Cheruis, petit navet,	Printemps, automne.
Ciboules,	Février, mars, avril.
Echalottes.	Février, octobre, novembre.
Navets,	Printemps, été, automne.
Oignons,	Janvier, pour repiquer.
Patates,	Printemps.
Poireaux,	De février à juillet.
Pommes de terre.	Janvier, février.
Raves,	Printemps, été.
Radis.	Idem.

NOM DES PLANTES.	ÉPOQUE DES SEMENCES.
Raifort,	*Idem.*
Rocambolle,	Février, mars.
Salsifis,	De février en août.
Scorsonnère,	*Idem.*

Légumes espèce d'épinards.

Amaranthe de Chine,	Printemps.
Arroche des jardins,	De mars à septembre.
Baselle,	Mars, avril.
Epinards,	Printemps.
Oseille.	Printemps et automne.
Pourpier,	Mai.
Roquette,	Printemps et été.
Tetragone (épinards d'été),	Avril.

Plantes utiles odoriférantes.

Absinthe,	On peut semer ces diverses plantes pendant tout le printemps, soit en bordure ou en dehors du jardin, et quoiqu'elles ne soient pas d'une utilité de tous les instans, il ne faut pas négliger d'en avoir.
Angelique,	
Anis,	
Lavande,	
Marjolaine,	
Menthe,	
Romarin.	
Sauge.	
Thim,	

Plantes médicinales.

Camomille.	Parmi ces plantes, qui se sèment au printemps, les unes sont annuelles, les autres sont vivaces. Chacun comprend suffisamment leur utilité.
Guimauve,	
Houblon,	
Mauves,	
Reglisse,	

CHARRUE-REDIER.

BREVET D'INVENTION.

9

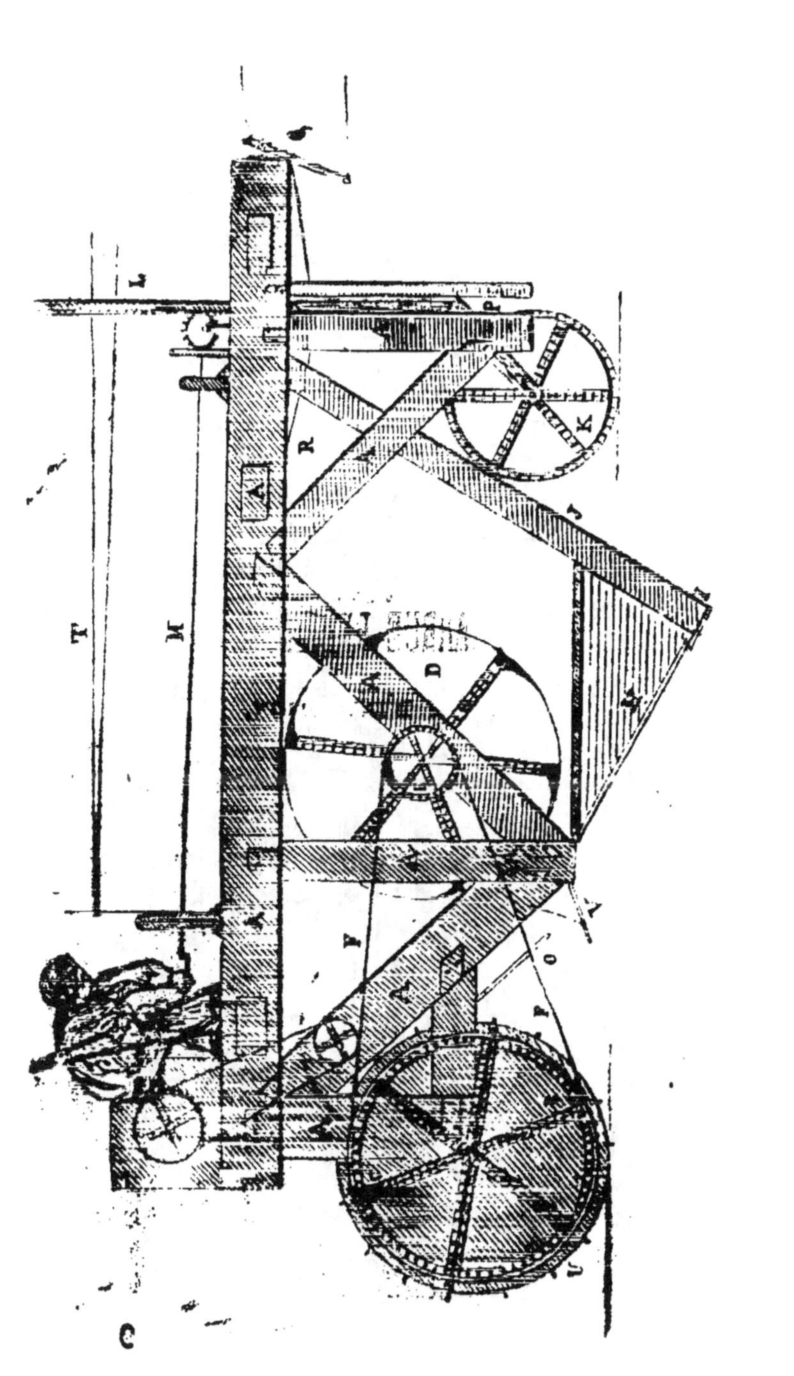

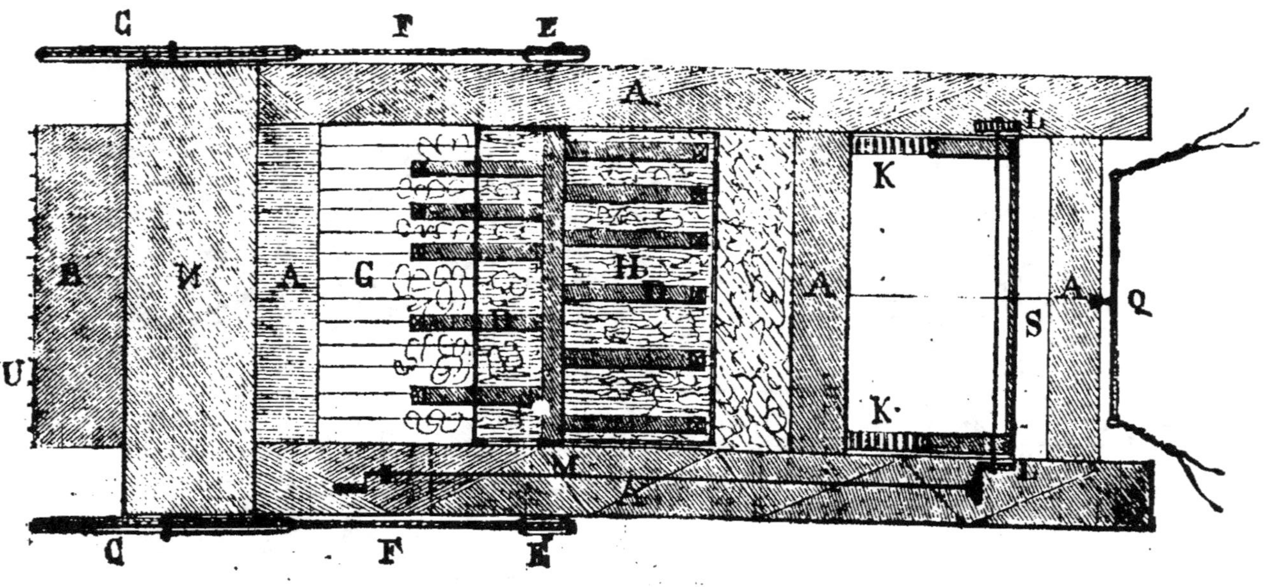

C
F
E
A
L
B
M
A
G
H
A
K
S
Q
U
B
K.
C
F
H
M

DESCRIPTION DE LA CHARRUÉ-REDIER.

A. Pièces en bois ou en fonte formant le châssis de la machine.

B. Rouleau en bois ou en fonte, armé de pointes, servant d'appui au talon de la machine, et communiquant le mouvement au semoir et au volant (ou marteaux).

C. Roues d'engrenage fixées à chaque extrémité de l'axe du rouleau.

D. Volant (ou marteaux) tournant à une certaine vitesse, et destiné à battre les mottes et la terre après qu'elles ont été soulevées par la ravale.

E. Petite roue d'engrenage fixée aux deux extrémités de l'axe du volant, et tournant à une vitesse double de celle du rouleau.

F. Chaîne à la Vaucanson, servant à communiquer le mouvement.

G. Grille formée de tringles en fer ou en bois, pour empêcher les mottes de s'échapper, et inclinée de manière à les ramener (les mottes) sous les marteaux jusqu'à ce qu'elles soient brisées.

H. Ravale ou canal en fer ou en bois par où passe la terre pour arriver sous les marteaux.

I. Partie tranchante à l'avant de la ravale, pour faciliter la marche de celle-ci dans la terre ; cette pièce doit toujours être en fer ; elle peut être considérée comme le soc de la charrue, tandis que la ravale en est le déversoir.

J. Supports de la ravale tranchans à leur extrémité pour servir de coutres.

K. Roues mobiles sur lesquelles s'appuie l'avant-train de la machine ; ces roues ont leur mouvement indépendant ; elles sont montées chacune sur une équerre.

L. Cric pour monter ou descendre l'avant-train, suivant la profondeur de culture que l'on désire, et pour dégager le soc lorsqu'on tourne ou que l'on va aux champs.

M. Manivelle placée à la droite du conducteur, qui est assis sur le semoir.

N. Caisse du semoir, au-dessus de laquelle se trouve le siége surmonté d'un parapluie ou une tente pour abriter le conducteur. Les roues d'engrenage et la chaîne placées d'un seul côté, suffisent pour commmuniquer le mouvement au semoir.

O. Tuyaux du semoir.

P. Coulisses dans lesquelles glisse la traverse lorsqu'on monte ou que l'on descend l'avant-train de la machine.

Q. Attelage.

R. Point d'attache pour le tirage sur la traverse du milieu.

S. Traverse en bois sur laquelle se trouvent fixés les roues et les crics.

T. Rênes.

U. Pointes en bois ou en fer fixées au rouleau pour en augmenter la résistance sur le sol.

V. Planchette fixée sur deux gonds ; on la baisse ou la lève à volonté, suivant la quantité de terre que l'on veut mettre au-dessus de la semence.

Quoique plus compliquée dans sa construction que celles connues jusqu'à ce jour, notre charrue est la plus facile à conduire ; car le talon pesant sur l'axe du rouleau au lieu de frotter sur la terre, deux bœufs ou deux chevaux suffisent bien souvent pour la traîner, et une femme ou un enfant peuvent la diriger. Elle remplacera avantageusement toutes les herses, rouleaux, semoirs, et même les charrues, dans les terrains peu pierreux, une fois qu'ils auront été défoncés, et elle sera, nous osons l'espérer, un nouveau pas vers un autre ordre d'instrumens aratoires, que les jeunes gens même des villes ne dédaigneront pas plus qu'ils ne dédaignent aujourd'hui une jolie voiture attelée de beaux chevaux, et un puissant attrait pour les fils de riches cultivateurs, qui ne déserteront plus les campagnes du moment où ils y trouveront une occupation agréable.

DES BATAILLONS AGRICOLES.

La création de bataillons agricoles dans toutes les communes de la république aurait pour but :

1º Le défrichement à peu de frais des terrains incultes appartenant à l'Etat ou aux communes par un travail d'ensemble et complet, au lieu du défrichement partiel, presque toujours ruineux pour celui qui l'entreprend, et souvent contraire à l'intérêt général.

2º De prévenir les chômages et d'améliorer le sort des travailleurs de terre, tant par l'instruction qu'en les faisant participer aux bénéfices des terrains défrichés.

3º De faciliter l'éducation agricole des hommes des villes qui, voulant se livrer à l'agriculture, pourraient s'incorporer dans ces bataillons à titre de travailleurs ou de conducteurs, selon leurs capacités.

4º De fournir à la grande exploitation les moyens

de traiter à prix fait pour tous ses grands travaux, qui
seraient plus rapidement et mieux exécutés par le seul
fait de l'organisation.

5° Enfin, de permettre à l'Etat de régler la nature
des produits sur une grande étendue de terre et de lui
fournir ainsi les moyens d'affranchir la France de l'é-
norme tribut qu'elle paie chaque année à l'étranger
pour l'achat de soies, laines, bestiaux, etc., et surtout
de relever notre espèce chevaline, qui dégénère chaque jour de plus en plus.

De l'organisation des bataillons agricoles.

Afin de ne pas nous égarer sur des chiffres imagi-
naires, nous allons parler seulement d'une commune
que nous connaissons.

La commune de Castries (Hérault) possède une étendue de 400 hectares de terrains incultes, qui lui donnent un revenu annuel de 1,200 fr. pour le pacage.
Sur ces 400 hectares, 250 environ peuvent être con-
vertis en champs ou vignes, et les 150 autres peuvent
porter des oliviers, mûriers, chênes verts, pins, etc.
Mais nous ne parlerons que des 250 qui sont réelle-
ment défrichables.

Cette commune a mille habitans; sur ce nombre,
cent hommes environ, mariés ou célibataires, vivent
et nourrissent leurs familles du produit de leur travail journalier. A certaines époques, aux récoltes surtout, ils ne peuvent suffire à tous les travaux, tandis
qu'ils en manquent à d'autres époques; ils vont alors
travailler sur leurs quelques mètres de terre, mais on
peut dire qu'ils chôment, car les cultures n'étant jamais faites à propos, ils ne récoltent presque rien, et
ils arrivent toujours à la fin de l'année sans pouvoir,
comme on dit, lier les deux bouts.

Admettons que ces cent ouvriers voulussent s'orga-
niser en bataillons, ils nommeraient eux-mêmes leur
administration, composée d'un directeur, d'un sous-

directeur et d'un trésorier n'ayant d'autre traitement que deux ou trois parts dans les bénéfices, puis deux conducteurs, autant que possible géomètres, qui auraient aussi un intérêt, et enfin dix piqueurs ou chefs de bande.

Cette espèce d'association n'aurait lieu d'abord que pour les défrichemens. Chaque ouvrier continuerait à travailler à la journée comme de coutume, seulement il verserait une somme de 50 cent. par semaine à la caisse du bataillon. Ces versemens donneraient à la fin de l'année pour les cent hommes un total de 2,600 fr.

Or, pour bien défricher, fumer et ensemencer la première année un hectare, en comptant la dépense en travail, il faudrait environ 500 journées d'hommes, que nous établissons au minimum à 1 fr. 25 c., soit 625 fr.

. Le bataillon aura donc pu, avec l'argent versé dans le courant de cette première année, défricher pendant le chômage et mettre en plein rapport *quatre* hectares de terre; il lui restera en outre 100 fr. pour payer quelques faux frais et la redevance à la commune ou à l'Etat, qui lui céderait son terrain moyennant un impôt de 15 à 20 fr. par hectare au lieu de *trois* francs seulement qu'elle en retire aujourd'hui.

Chaque ouvrier aurait sa part des produits des quatre hectares, part qui, dans les conditions où nous avons semé ces hectares, ne serait jamais moindre et serait souvent beaucoup plus considérable que les sommes versées dans le courant de l'année, même en prélevant les douze ou quinze parts affectées à l'administration. Il en résulterait encore un bénéfice pour chacun d'une part aux terrains défrichés, qui, dans l'état actuel, ne vaudrait pas moins de 3,000 fr. l'hectare, soit 12,000 fr., ou 120 fr. pour chacun.

Les recettes allant toujours croissant, si l'on considère les gains du bataillon comme travail à ajouter à

celui des années précédentes, on reconnaîtra que si
2,600 fr. ont produit 12,000 fr. dès la première année,
il faudra bien peu de temps et d'argent pour améliorer le sort des ouvriers de la campagne.

A mesure des défrichemens, le bataillon construi-
rait, chaque 3 hectares (1), de petites fermes qui seraient
exploitées pour le compte du bataillon et par le bataillon, en attendant qu'il fît choix de fermiers parmi ses
membres, et qu'il en réglât les conditions.

La grande propriété, loin de s'alarmer de la prospérité des travailleurs, doit au contraire y contribuer ;
elle trouvera un immense avantage dans la création
des bataillons, en ce que les hommes, accoutumés à
travailler ensemble aux défrichemens, se formeront
bientôt en groupes pour prendre tous les travaux agricoles à l'entreprise. Pourvus d'instrumens aratoires
perfectionnés, ils exécuteront avec moins de fatigue le
double de travail qu'ils n'en font aujourd'hui, et les
grands propriétaires, qui habitent plus souvent la ville
que la campagne, pourront se rendre un compte plus
exact des dépenses de leurs propriétés.

Si jusqu'ici nous n'avons rien dit des avantages que
retirerait l'Etat d'une telle organisation, c'est que nous
ne l'avons pas fait intervenir pour aider les travailleurs ; mais sa présence serait peut-être nécessaire
pour empêcher la désertion de la grande propriété,
qui pourrait avoir lieu dès que les travailleurs aurait
de quoi vivre sur leurs propres terres. Or, voici com-
ment nous réglerions cette intervention :

L'Etat nommerait un ingénieur par canton qui diri-
gerait les conducteurs géomètres et architectes, en un
mot, la partie d'art ; il allouerait une somme de 1 fr.

---

(1) En limitant à 3 hectares l'étendue de chaque ferme,
nous nous basons sur l'étendue de celles de la Provence, qui
est le pays agricole le plus riche et le mieux exploité de la
France.

25 c. par semaine à chaque travailleur, et ne lui permettrait le défrichement qu'un jour par semaine, sauf le cas de chômage ; il obligerait le bataillon, chaque fois que 90 hectares avec leurs trente petites fermes auront été défrichés, à construire au centre une écurie de 60 chevaux, avec greniers à foin et un logement pour l'administration nommée par le gouvernement. Chaque fermier serait tenu de fournir à l'établissement 3.600 kil. de foin, 3.600 kil. de paille, 72 hectolitres d'avoine. En retour, les fermiers enverraient leurs enfans à l'école et auraient le droit de demander à l'établissement les chevaux et instrumens aratoires nécessaires à leur exploitation. Chacun aurait droit, en outre, à un trentième des fumiers.

Suivant les localités, au lieu d'établir des écuries pour chevaux, ce seraient des étables à bœufs, des bergeries, magnaneries, loges à porcs, manufactures, etc.

Les écuries se peupleraient progressivement, avec le concours des fermiers et de l'Etat, et lorsque les 250 hectares seraient défrichés (avant dix ans), les cent membres du bataillon et les ouvriers des villes qui y auraient été incorporés s'y trouveraient établis, soit comme fermiers, soit comme employés, et le bataillon, renouvelé d'année en année, tout en continuant à aider les propriétaires, appliquerait le système d'exploitation dont nous venons de parler aux grandes propriétés, où les propriétaires tiendraient la place de l'Etat.

Le bataillon, pour se mettre en mouvement, n'aurait besoin de l'avance de 1 fr. 25 c. par semaine que pendant trois ans, soit 15,000 fr. Ce chiffre est énorme, sans doute, si on le multiplie par le nombre des communes de France, mais aussi quel résultat!

Rien n'empêcherait d'ailleurs de faire supporter la moitié, même les deux tiers de cette dépense à la commune, puisqu'il en résulterait pour elle une augmentation considérable de revenus.

TABLE DES MATIÈRES.

ERRATA.

Page 26, au lieu de : *Voir page* 11, lisez : *Voir page* 47.

Page 52, au lieu de : *En voie de dessèchement*, lisez : *En voie de dessalement.*

Page 56, au lieu de : *7 octobre*, lisez : *8 septembre.*

FIN.

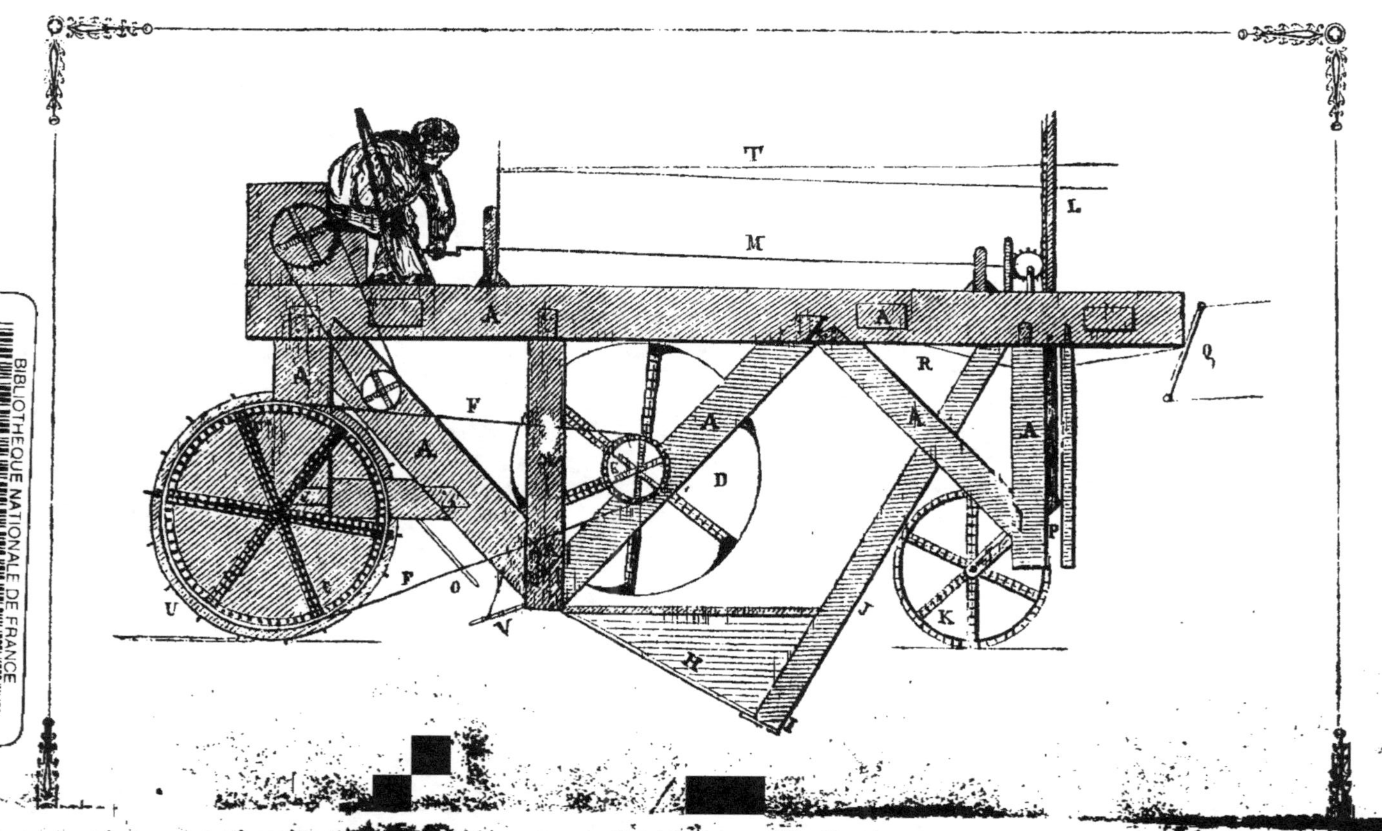

T
M
L
A
Z
A
R
A
Q
A
F
A
D
U
O
V
H
J
K
P